3D打印基础教程

徐勇鹏　李朝晖　主编

U0214805

清华大学出版社

北 京

内 容 简 介

本书深入浅出地带领学生逐步探索 3D 打印的奇妙世界。本书对 3D 打印的原理和硬件设备的使用，典型部件的工作原理，以及实际操作和故障解析等内容进行了详细解读。本书配备有丰富的动画资源，方便学生理解。本书旨在为对 3D 打印感兴趣的人群及专业入门人群提供入门知识，帮助他们对 3D 打印的各个方面形成初步认知，从而掌握 3D 打印技能。

本书可以作为高等院校学生的通识课程教材，高职、中职院校学生的 3D 打印课程教材与培训用书，也可作为 3D 打印爱好者自学及参考用书。

本书封面贴有清华大学出版社防伪标签，无标签者不得销售。

版权所有，侵权必究。侵权举报电话：010-62782989 13701121933

图书在版编目（CIP）数据

3D打印基础教程 / 徐勇鹏，李朝晖主编. —北京：清华大学出版社，2020.4
ISBN 978-7-302-55031-0

Ⅰ. ①3… Ⅱ. ①徐… ②李… Ⅲ. ①立体印刷—印刷术—教材 Ⅳ. ①TS853

中国版本图书馆 CIP 数据核字（2020）第041208号

责任编辑：杜　晓
封面设计：傅瑞学
责任校对：赵琳爽
责任印制：杨　艳

出版发行：清华大学出版社
    网　　址：http://www.tup.com.cn, http://www.wqbook.com
    地　　址：北京清华大学学研大厦 A 座　　　　　邮　编：100084
    社 总 机：010-62770175　　　　　　　　　　邮　购：010-62786544
    投稿与读者服务：010-62776969, c-service@tup.tsinghua.edu.cn
    质量反馈：010-62772015, zhiliang@tup.tsinghua.edu.cn
印 装 者：小森印刷（北京）有限公司
经　　销：全国新华书店
开　　本：185mm×260mm　　　印　　张：10.75　　　字　　数：139 千字
版　　次：2020 年 4 月第 1 版　　　　　　　　　　印　　次：2020 年 4 月第 1 次印刷
定　　价：55.00 元

产品编号：086538-01

前言

　　3D 打印技术是一种新兴增材制造技术，它已融入产品的研发、设计、生产各个环节，是材料科学、制造技术与信息技术的高度融合和创新，是推动生产方式向定制化、快速化发展的重要途径，是优化、补充传统制造方法，催生生产新模式、新业态和新市场的重要手段。当前，3D 打印技术已逐步应用在装备制造、机械电子、军事、医疗、建筑、食品等多个领域。3D 打印产业呈现快速增长的势头，其发展前景良好。

　　工业化最大的成就是通过机械化实现了规模化大生产，而 3D 打印技术则将规模化大生产演变为若干个体，打破集约化生产的传统模式。只需一台 3D 打印机，我们就可以在家里生产需要的东西，而且可以不断地变化款式和样式。如今，生产方式已经发生了重大改变，传统的生产制造业将面临一次"洗牌"。有国际咨询机构预测，到 2025 年，3D 打印技术的经济效益每年可能高达 5500 亿美元，是被一致看好的领域。

　　3D 打印技术是一种新型的快速成型技术，它是一种以数字模型文件为基础，运用粉末状金属或塑料等可黏合材料，通过逐层打印堆叠的方式来构造物体的技术。长久以来，部件设计完全依赖于其生产工艺能否实现，而 3D 打印机的出现完全颠覆了人们传统的生产思路，它将天马行空的设计理念转化成了触手可及的真实物体。如今，3D 打印技术已经成为一种潮流，并开始广泛应用在各个领域，尤其是工业设计、数码产品开模等领域，它可以在数小时内完成一个模具的打印。本书以最常见的热熔堆积固化成型方式的矩形盒式结构3D打印机为例，深入讲解3D打印的工作原理及实际使用方法。

3D打印机是基于打印件的三维模型，采用增材制造原理，应用不同的打印方法，高效、高精度地制造出产品或模型。三维建模是3D打印技术的前提和基础，三维建模和3D打印技术的广泛应用能够有效地缩短产品的研发和制造周期，促进产品的多样化。

本书配套有多个教学动画，用微信扫描书中二维码，就可以观看。

本书由徐勇鹏、李朝晖主编。徐勇鹏策划，李朝晖负责统稿。参与本书撰写的还有毕光跃（第一章第一、二节）、吴俊侯（第二章）、朱翊（第三章）、王哲和张硕（第一章第三至五节，第四章）。动画总负责人为郭旭、罗丹，参与制作的人员包括孙亚超、张喜武、吴天昊、刘恋、刘玉等。

在此感谢以上主要创作人员，以及所有在本书编写过程中给予过帮助的专家、教师、学生们。由于编者水平有限，不足之处在所难免，欢迎各位读者批评、指正。

编　者

2019.12

目录

第一章 初识 3D 打印

第二章 3D打印机典型部件
工作原理

第三章 跟我学打印

第四章 应用与发展

第一章

初识 3D打印

一、3D打印机的由来

动画：3D 打印机的由来

3D 打印机被誉为"第四次工业革命最具标志性的生产工具"，而 3D 打印技术是一项前沿技术。下面我们来简单地了解 3D 打印机的由来。

3D 打印技术是一种新型的快速成型技术，它是一种以数字模型文件为基础，运用粉末状金属或塑料等可黏合材料，通过逐层打印堆叠的方式来构造物体的技术。

长久以来，部件设计完全依赖于其生产工艺，而 3D 打印机的出现，完全颠覆了人们传统的设计与生产思路。它将天马行空的设计理念转化为触手可及的真实物体。

电影《十二生肖》中成龙佩戴了专业的扫描手套来扫描十二生肖铜像，另外一边则通过专业设备将所扫描的铜像完美地打印出来。这看似很科幻且不切实际，其实，影片中应用的就是 3D 打印技术。

3D 打印技术是 20 世纪 80 年代末 90 年代初兴起并快速发展起来的先进制造技术。它源自 100 多年前的照相雕塑和地貌成型技术，在 20 世纪 80 年代已有雏形，又称为"快速成型技术"。

1983 年，美国人查克·赫尔（Chuck Hull）发明了立体光固化成型法（Stereo Lithography Appearance，SLA）。这种方法的原理是采用光照的方法催化光敏树脂，然后成型制造。后人把查克·赫尔称为"3D 打印之父"。

1993 年，美国麻省理工学院发明了 3D 印刷技术，获 3D 印刷技术专利，其使用的 3D 打印机如图 1-1 所示。两年后麻省理工学院将该技术授权给美国 ZCorp 公司。从此，"3D 打印"一词慢慢流行起来，许多快速成型技术都被称作 3D 打印技术。

2005 年，市场上首个彩色 3D 打印机 Spectrum Z510 由美国 ZCorp 公司研制成功，这标志着 3D 打印技术从单色时代迈进多色时代。

2007 年，英国巴斯大学的一位博士成功开发了世界首台可自我复制的 3D 打印机，代号"达尔文"。由于是开源技术（见图 1-2），随着技术的不断进步，经过许多人的改造后，3D 打印机变得越来越轻便小巧，价格更加低廉，3D 打印机从此进入了人们的生活。

图 1-1　3D 打印机　　　　图 1-2　开源 3D 打印机

2010 年 11 月，世界上第一辆由 3D 打印机打印而成的汽车 Urbee 问世。

2011 年 7 月，英国研究人员开发出世界上第一台 3D 巧克力打印机。

2011 年 8 月，英国南安普敦大学的工程师们开发出世界上第一架 3D 打印而成的飞机。

2012 年 11 月，苏格兰科学家利用人体细胞首次用 3D 打印机打印出人造肝脏组织。

2013 年 11 月，美国得克萨斯州奥斯汀的 Solid Concepts 公司用 3D 打印机打印出金属手枪。

2014 年 7 月，美国南达科他州 Flexible Robotic Environment（FRE）公司公布他们最新开发出的一种全功能制造设备，这种设备兼具金属 3D 打印（增材制造）、车床（减材制造包括车铣、激光扫描、超声波检具、等离子焊接、研磨 / 抛光 / 钻孔）及 3D 扫描功能。

2014 年 10 月，瑞士三名创客成立的 Sintratec 公司推出了一款 SLS 工艺的 3D 打印机，售价仅为 3999 欧元。

如今，3D 打印机开始广泛应用于各个领域，尤其是工业设计、数码产品开模等。它可以在数小时内完成一个模具的打印，如图 1-3 和图 1-4 所示。

图 1-3　3D 打印摆件　　　　　　　　　图 1-4　3D 打印古文物模型

通过 3D 辅助设计软件设计一个模型或原型，无论设计的是一所房子还是人工心脏瓣膜，3D 打印机都可以进行打印。打印的原料可以是有机或者无机的材料。

3D 打印技术不仅降低了立体物品的造价，更加激发了人们的想象力。《经济学人》杂志曾这样评价："伟大发明所能带来的影响在当时那个年代都是难以预测的，1450 年的印刷术如此，1750 年的蒸汽机如此，1950 年的晶体管亦是如此。如今，我们仍然无法预测 3D 打印技术将在漫长的时光里如何改变这个世界。"

尽管目前 3D 打印机对普通人来说并不常见，但随着技术的不断进步，在不久的将来，它将出现在教育、娱乐等领域，并可能出现在家中，成为人们不可或缺的生活帮手。

动画：3D 打印笔的使用

说到 3D 打印笔似乎就可以让人立马联想到神笔马良的神笔。3D 打印笔是一支可以在空气中书写的笔，帮你把想象的物体从纸张中变为现实。下面我们一起来体验它的神奇和魅力吧。

（一）3D 打印笔介绍

利用 PLA、ABS 材料，3D 打印笔可以在任何表面"书写"，甚至可以直接在空气中"作画"。它无须计算机软件的支持，只需要把它通上电，等一等，让笔下的线条在空气中凝固，创作完成时打印物品就出现在你的面前了。

1. 外部结构

3D 打印笔由进料孔、电源孔、显示屏、"材料选择 / 调温"键、"退料"键、"变速"键、"进料"/"出料"键、散热孔以及笔头组成，如图 1-5 所示。

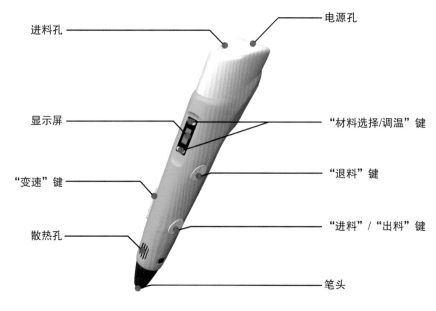

图 1-5　3D 打印笔的外部结构

2. 工作原理

3D 打印笔基于 3D 打印技术，挤出热熔的材料，然后在空气中迅速冷却，最后固化成稳定的状态。

（二）3D 打印笔的使用

1. 前期准备

在使用 3D 打印笔作图前，需要先准备 3D 打印笔、PLA/ABS 材料、临摹图纸、剪刀或钳子、垫板等物品，如图 1-6 所示。

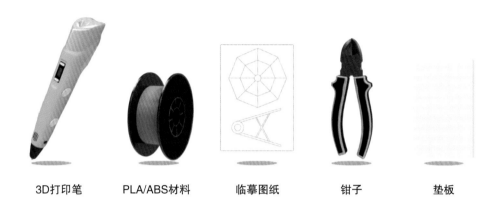

| 3D打印笔 | PLA/ABS材料 | 临摹图纸 | 钳子 | 垫板 |

图 1-6　前期准备物品

2. 操作步骤

（1）如图 1-7 所示，将电源适配器 AC 端插入电源插座，DC 端插入 3D 打印笔的电源孔，此时显示屏处亮起黄灯，表明设备已经进入通电待机状态。

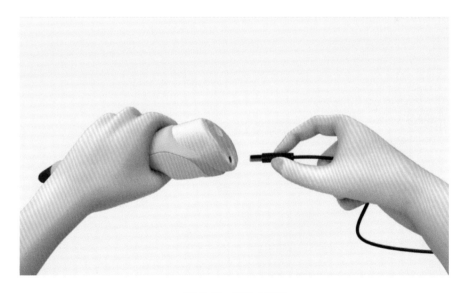

图 1-7　插入电源

（2）如图 1-8 所示，当显示屏上显示 PLA 或 ABS 字样，通过显示屏的向上或向下的按钮进行材料选择。

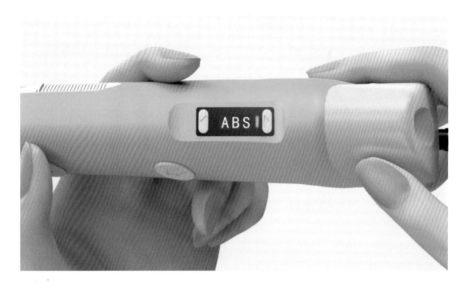

图 1-8　显示屏

（3）材料选择后，点按"进料"键，红色 LED 灯点亮，表明设备已经进入预热状态，此时显示屏显示实时加热温度，如图 1-9 所示。当 LED 灯由红色变为绿色时，表明设备预热结束，可正常使用。

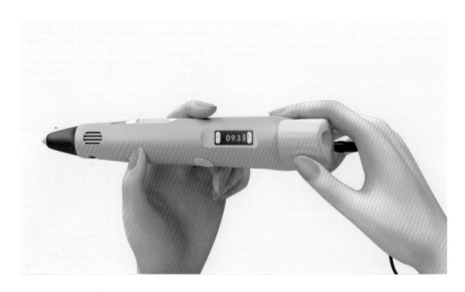

图 1-9　预热状态

（4）将材料插入"进料孔"，长按"进料"键，材料便由内置电机进行输送，待笔头喷嘴端有料吐出，即装载成功，如图 1-10 所示。

> **注意**
>
> 装载前需保证材料端口平整。

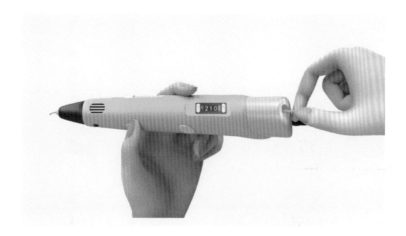

图 1-10　插入材料

（5）如图 1-11 所示，开始创作。

> **注意**
>
> 本设备有"变速"功能，在创作中可根据行笔速度来实时调整出料速度。

图 1-11　制作摩天轮

（6）当设备停止工作 2min 后，程序将自动进入休眠状态，此时"工作状态灯"熄灭，显示屏显示 SLEEP，如图 1-12 所示。如要再次使用，点按"进料"键重新进行预热，预热完成即可工作。

图 1-12　设备停止运行

（7）长按"退料"键约 3s，程序自动退料，如图 1-13 所示。

注意

不同材料的更换需要切断电源后，重新选择相应的材料及其程序即可。

（8）卸载材料，清理笔头。

注意

此时笔头仍然有余温，警惕烫伤。

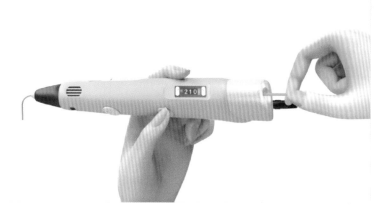

图 1-13　退料

3. 换料说明

（1）当材料耗尽或需要更换同材质不同颜色的材料时，可以选择续料或卸载再装料，续料前务必保证材料端口平整。

（2）当材料从 PLA 转换成 ABS 时，需要先卸载 PLA 材料，然后关闭电源重启设备，再通过"材料选择 / 调温"键选择至 ABS，然后再进行材料装载。

（3）当材料从 ABS 换成 PLA 时，由于 ABS 材料熔点高于 PLA 材料，如果使用不当极有可能造成喷嘴堵塞或设备损毁。应在使用 ABS 的工作模式下，进行退料卸载，重启设备，重新通过"材料选择 / 调温"键选择 PLA 材料模式。当加热结束后方可进行 PLA 材料装载。

4. 注意事项

（1）在使用 3D 打印笔时，在打印笔中的材料快消耗完，且材料尾部未进入打印笔之前，为了防止材料全部进入打印笔时，温度过高导致 3D 打印笔堵塞，则需要更换一根新的材料。

（2）在使用 3D 打印笔时，不要将笔倒置，防止 3D 打印笔堵塞。

（3）3D 打印笔的笔头是陶瓷做的，所以应避免猛烈撞击。

（4）在使用 3D 打印笔时，如果不出料，可以先把材料退出去，把之前在笔内未全部使用的材料剪断，然后重新放入材料继续使用。

（5）在使用 3D 打印笔完成制作后，应把材料退出并断开电源。

（6）如遇 3D 打印笔的喷嘴堵塞，可以按压两侧黑色按钮取下笔头进行清理，如不能自行清理，请咨询维修人员。

（7）若电机发出"咔、咔、咔"声，表明温度过低，请用显示屏的向上按钮将温度调高 3~5℃；如材料出现气泡，表明温度过高，请将温度调低 3~8℃。

（三）制作摩天轮实例

如图 1-14 所示，以简单的摩天轮制作为案例展开设计。

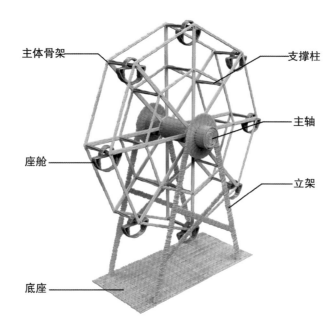

图 1-14　摩天轮

1. 前期准备

在制作摩天轮前需要先准备 3D 打印笔，橘色、绿色和蓝色 PLA 材料，摩天轮的临摹图纸，剪刀，垫板等物品。

2. 制作步骤

（1）接通电源，选择材料类型为 PLA，按"进料"键预热。如图 1-15 所示，待绿灯亮起时，开始操作。

图 1-15　绿灯亮起开始操作

（2）按准备好的图纸勾勒出摩天轮的主体骨架（见图 1-16）、支撑柱、立架以及座舱，成品如图 1-17 所示。

图 1-16　按图纸勾勒出主体骨架

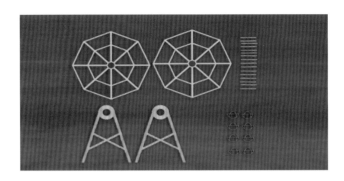

图 1-17　勾勒出的成品

（3）制作底座和主轴。按照图纸勾勒底座（见图 1-18）和主轴（见图 1-19）轮廓并逐层填充内部。

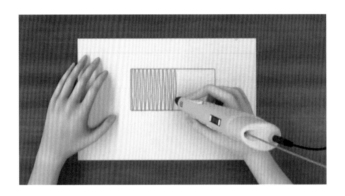

图 1-18　勾勒底座轮廓

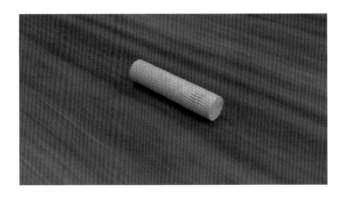

图 1-19　主轴

（4）如图 1-20 所示，将做好的支撑柱与一侧主体骨架黏合，将座舱挂于每个支撑柱上，再将另一个主体骨架黏合。操作中应注意保持平衡。

图 1-20　支撑柱与主体骨架黏合

（5）将支架与底座黏合，如图 1-21 所示。

图 1-21　支架与底座黏合

（6）如图 1-22 所示，用主轴将底座与摩天轮主体连接起来，摩天轮就制作完成了。

图 1-22　制作完成

大家如果感兴趣，可以上网查找一些其他的图纸，继续设计更多的作品。

（四）简单故障排除

3D 打印笔的简单故障排除方法见表 1-1。

表 1-1　故障排除方法

故障现象	故障原因	故障排除方法
电源指示灯不亮	电源适配器故障	更换电源适配器
	插座引线脱落	焊接插座引线
	主板故障	更换主板
喷嘴不出料	喷嘴堵塞	更换加热喷嘴组件
	温度不够	更换加热喷嘴组件或调温
	没有温度	更换加热喷嘴组件或更换主板
	齿轮输送材料打滑	清洗齿轮，重新装载
	材料续料失败	退料，将材料端口剪切平
	加热喷嘴接触不良	拆卸加热喷嘴重新安装
	电机损坏或引线脱落	更换电机组件或焊接电机引线
	程序故障	更换主板
加热无温度	加热喷嘴损坏	更换加热喷嘴组件
	主板故障	更换主板
	内部引线脱落	焊接内部引线
温度过高烧喷嘴	主板故障	更换主板
	加热喷嘴故障	更换加热喷嘴组件

动画: 3D 打印机
工作原理

前面我们初步认识了 3D 打印机以及它的发展过程,那么 3D 打印机是怎么打印出各种惟妙惟肖的模型作品的呢?下面我们一起来了解 3D 打印机的基本工作原理。

3D 打印机从固化方式上分为热熔堆积固化成型、粉末材料选择性激光烧结、激光光固化成型、三维喷涂黏结成型等方式;从机械结构上分为三角形结构、矩形盒式结构、矩形杆式结构、三角爪式结构等结构。下面我们以最常见的采用热熔堆积固化成型方式的矩形盒式结构 3D 打印机为例,进一步了解 3D 打印机的工作原理。

3D 打印机是一种运用快速成型技术,以数字模型文件为基础,使用粉末状金属或塑料等可黏合材料,通过逐层打印堆叠的方式来构造物体的机器。

3D 打印可以通过计算机建模软件建模,也可以利用现成的模型,如动物、人物或微缩建筑等。将事先设计好的模型通过切片软件完成一系列数字切片,形成逐层的截面数据。然后通过 SD 卡把它复制到 3D 打印机中,或者直接用 USB 线连接计算机和 3D 打印机(见图 1-23)进行打印设置。设计软件和 3D 打印机之间协作的标准文件格式是 STL 文件格式。一个 STL 文件使用三角面来近似模拟物体的表面,三角面越小,其生成的表面分辨率越高。

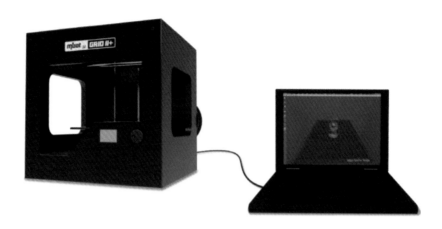

图 1-23　连接计算机和 3D 打印机

利用 3D 打印机的挤出头把"打印材料"一层层堆叠起来（见图 1-24）从而制造出一个实体。这种机器几乎可以造出任何形状的物品。

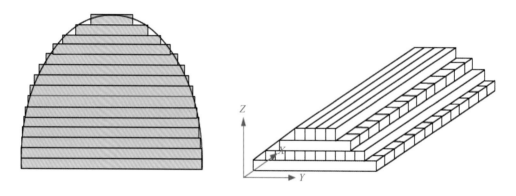

图 1-24　层层堆叠

3D 打印机和传统打印机一样，都是由控制组件、机械组件、喷嘴、材料和介质等组成。3D 打印机与传统打印机最大的区别在于它使用的"墨水"是真实的原材料。

3D 打印时堆叠薄层的形式有很多种，常用的形式为热熔堆积固化成型，即将丝状热熔性材料加热熔化，通过一个带有微细的喷嘴挤喷出来（见图 1-25）沉积在制作面板或者前一层已固化的材料上，温度低于固化温度后开始固化，通过材料的层层堆积形成最终的成品。

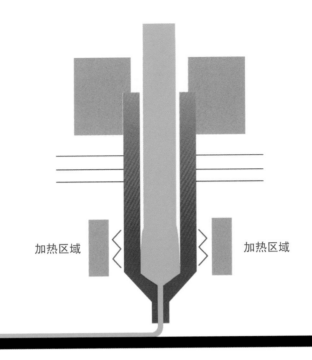

加热区域 加热区域

图 1-25 加热熔化并挤出到面板

在 3D 打印技术中，采用热熔堆积固化成型方式的机器机械结构比较简单，设计也比较容易，制造成本、维护成本和材料成本也相对较低，因此也是在家用的桌面级 3D 打印机中使用得最多的技术。

桌面级 3D 打印机打印出的截面厚度（即 Z 轴方向）以及平面方向（即 X 轴与 Y 轴方向）的分辨率是以 dpi 或者 μm 来计算的。一般厚度为 100μm，即 0.1mm，也有部分桌面级 3D 打印机可以打印出 16μm 薄的一层。而平面方向则可以打印出与激光打印机相近的分辨率。用传统方法制造出一个模型通常需要数天时间，而用 3D 打印技术则可以将时间缩短为数个小时，当然，具体时间是由 3D 打印机的性能以及模型的尺寸和复杂程度而定的。传统的制造技术如注塑法可以以较低的成本大量制造聚合物产品，而用 3D 打印技术则可以以更快、更有弹性以及更低成本的办法生产数量相对较少的产品。可以说，一个桌面级 3D 打印机可以满足设计者或概念开发小组制造模型的需要。

动画: 3D 打印机的结构

3D 打印机的结构并不复杂, 但是款式多样。为此, 我们需要对 3D 打印机的各种结构逐个进行介绍。

3D 打印机按机械结构可以分为三角形结构、矩形盒式结构、矩形杆式结构、三角爪式结构等类型, 如图 1-26 所示。

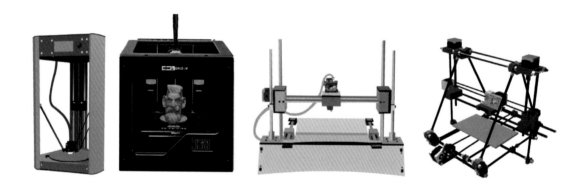

图 1-26 各种类型的 3D 打印机

以最常见的矩形盒式结构 3D 打印机为例, 它的部件包括: 钣金外壳、送料机、挤出头、底板、传动机构、主控板和操作面板以及材料等。下面我们来详细分析一下每个部件在打印机中的作用与特点。

（一）钣金外壳

矩形盒式结构 3D 打印机的最大部件就是外部的钣金框架，如图 1-27 所示，它能起到美观、保护、隔离和固定其他部件的作用。

图 1-27　钣金外壳

（二）送料机

送料机是 3D 打印机的材料供给设备，如图 1-28 所示。3D 打印材料最先进入送料机，通过送料机可以控制 3D 打印的出料速度，并可以做退料、抽料等特殊动作。

送料机由电机驱动，电机轴上固定一个齿轮，与齿轮相对的是一个起导向作用的槽轮，通过齿轮的咬合实现送料、退料和抽料。

图 1-28　送料机

（三）挤出头

挤出头是 3D 打印机的核心部件之一，也是 3D 打印机的执行设备，用来加热熔化打印材料并将其从喷嘴挤出的一个组合部件，如图 1-29 所示。

材料从送料机进入喉管，通过加热区域，材料在喷嘴尖端熔化成半流体状态，后面的材料持续向前推挤，就可以让熔化状态的材料从喷嘴挤出到 3D 打印工作台上，如图 1-30 所示。

加热区域　　　　　　　　　加热区域

图 1-29　挤出头　　　　　　　图 1-30　挤出头工作原理

（四）底板

底板是 3D 打印机打印的承载结构，同时承担打印机在 Y 轴方向的运动，打印时打印的第一层直接打印在底板上，如图 1-31 所示。

图 1-31　底板

3D 打印机的底板一般是玻璃材质，耐热性强。因为在打印时底板表面温度会由 20℃左右急升到 200℃，太薄的玻璃板容易裂，所以需要用稍厚的玻璃板。也有用铝板或亚克力材质的底板，但需要有一定的厚度，否则容易变形。

（五）传动机构

传动机构是承载 3D 打印机在 X、Y、Z 轴方向上运动的机构，它由丝杠、齿轮和同步带等部分组成，如图 1-32 所示。各部分间的配合使得打印机在各个轴方向上的单独运动复合起来，就形成喷嘴在空间中的运动。传动机构与限位开关的配合能够准确地将挤出头带到 3D 打印机打印范围内的任意位置。

图 1-32　传动机构

（六）主控板和操作面板

主控板是 3D 打印机的计算中心，如图 1-33 所示。操作面板是 3D 打印机的唯一交互机构，如图 1-34 所示。它们互相协调，用来读取计算机或者 SD 卡内的数据模型文件，以及设置打印机的各种参数，计算 3D 打印过程中需要的各种数据。

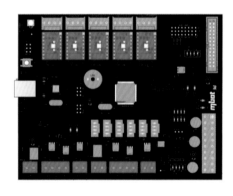

图 1-33　主控板

图 1-34　操作面板

主控芯片读取计算机或者 SD 卡内的切片文件，驱动器发出相应数量的脉冲和方向信号，步进电机接收到信号后做出相应的运动，形成喷嘴在空间中的运动。

（七）材料

3D 打印机的材料就像喷墨打印机的墨水，最常见的材料是丝状的，材料有 PLA/ABS 和 PC 等多种材质。除此之外，3D 打印机的材料还有粉末状、片状和液体状的，如图 1-35 所示。我们可根据打印机的不同结构功能选择对应的最合适的材料。

图 1-35　各种材质的材料

动画：3D 打印机的打印固化方式

3D 打印有许多不同的打印技术。它们的不同之处在于使用不同的材料，并以不同的固化方式创建部件。下面给大家介绍几种常见的打印固化方式。

（一）热熔堆积固化成型法

热熔堆积固化成型法（Fused Deposition Modeling）简称 FDM。FDM 技术由 Stratasys 公司设计与制造。FDM 技术利用 ABS、PC、PPSF 以及其他热塑性材料，这些材料受到挤压成为半熔融状态的细丝，以层层堆叠的方式，直接构建成型。FDM 技术通常应用于塑型、装配、功能性测试以及概念设计。

FDM 是目前应用最广泛的技术之一，很多消费级 3D 打印机都是采用的这种技术，因为它实现起来相对容易，如图 1-36 所示。

图 1-36　热熔堆积固化成型打印机

1. 成型原理

FDM 技术使用的材料一般是热塑性材料，如蜡、ABS、PC、尼龙等，以丝状供料。如图 1-37 所示，材料在喷嘴内被加热熔化。喷嘴沿零件截面轮廓和填充轨迹运动，同时将熔化的材料挤出，材料迅速固化，并与周围的材料黏结。每一个层片都是在上一层上堆积而成，上一层对当前层起到定位和支撑的作用。随着高度的增加，层片轮廓的面积和形状都会发生变化，当形状发生较大变化时，上层轮廓就不能给当前层提供充分的定位和支撑，这就需要设计一些辅助结构，为后续层提供定位和支撑，以保证成型过程的顺利实现。

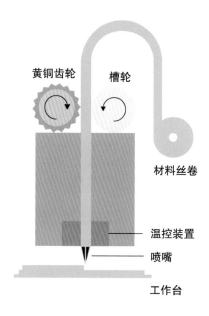

黄铜齿轮　槽轮
材料丝卷
温控装置
喷嘴
工作台

图 1-37　FDM 成型原理

2. 特点

（1）打印后处理简单。仅需要几分钟到十几分钟的时间剥离支撑，原型即可使用。

（2）不使用激光，维护简单，成本低。价格是成型工艺是否适用于 3D 打印机的一个重要因素。

（3）塑料丝状材料易于清洁、更换。与其他使用粉末和液态材料的工艺相比，丝状材料更加易于清洁、更换及保存，不会在设备中或附近形成粉末或液体污染。

（二）粉末材料选择性激光烧结成型法

粉末材料选择性激光烧结成型法（Selected Laser Sintering）简称 SLS，它采用二氧化碳激光器对粉末材料（塑料粉等与黏结剂的混合粉）进行选择性烧结，是一种由离散点一层层堆叠成三维实体的快速成型方法，其打印机如图 1-38 所示。

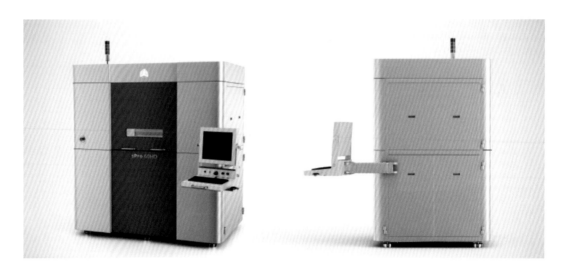

图 1-38　粉末材料选择性激光烧结成型打印机

粉末材料选择性激光烧结成型法的原理：活塞向上运动，通过滚轴将要使用的粉末移动到工作台，先铺一层粉末材料，将材料预热到略低于熔点，再利用激光照射，将需要成型模型的截面形状通过扫描镜扫描，使粉末熔化，被烧结部分黏合到一起。第一层烧结完成后，工作台下降一截面层的高度，再铺上一层粉末，进行下一层烧结，如此循环，形成三维的原型零件。最后经过 5~10h 的冷却，即可从粉末缸中取出零件。未经烧结的粉末能承托正在烧结的工作，起到支撑的作用。当烧结工序完成后，取出零件，如图 1-39 所示。

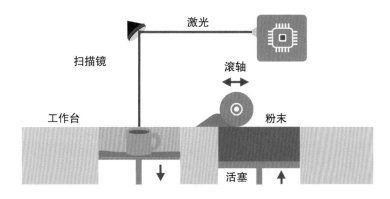

图 1-39　SLS 成型原理

（三）三维印刷技术成型法

三维印刷技术成型法（Three-Dimensional Printing）简称 3DP。3DP 工艺工作原理与一台桌面级 2D 打印机的工作原理一样。其过程与粉末材料选择性激光烧结成型法类似，采用粉末材料成型，如陶瓷粉末、金属粉末。所不同的是材料粉末不是通过烧结连结起来的，而是通过喷嘴用黏结剂（如硅胶）将零件的截面印刷在材料粉末上面。喷一层，然后铺上一层薄薄的石膏粉末，如此反复，直到产品制作完成。用黏结剂黏结的强度较低，后续还需处理，3DP 打印机如图 1-40 所示。

图 1-40　三维印刷技术成型打印机

三维印刷技术成型法的原理：上一层黏结完毕后，成型缸下降一个距离，供粉缸上升一段高度，推出若干粉末，并被铺粉辊推到型缸，铺平并被压实。铺粉辊铺粉时多余的粉末被集中装置收集。喷嘴在计算机的控制下，按照下一建造截面的成型数据有选择地喷射黏结剂建造层面。如此周而复始地送粉、铺粉和喷射黏结剂，最终完成一个三维粉体的黏结。未被喷射黏结剂的地方为干粉，在成型过程中起支撑作用，且成型结束后，比较容易去除，如图 1-41 所示。

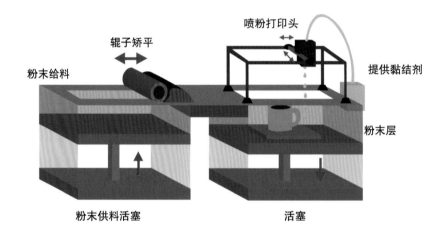

图 1-41　3DP 成型原理

（四）激光光固化成型法

立体光固化成型法（Stereo Lithography Appearance）简称 SLA，即激光光固化成型法（又称光敏树脂选择性固化），是采用立体雕刻原理的一种工艺，是最早出现的一种快速成型技术。激光光固化成型打印机如图 1-42 所示。

图 1-42　激光光固化成型打印机

激光光固化成型法的原理：在树脂槽中盛满液态光敏树脂，液态光敏树脂在紫外激光束的照射下会快速固化。成型过程开始时，可升降的工作台处于液面下一个截面层厚的高度，聚焦后的激光束在计算机的控制下，按照截面轮廓的要求，沿液面进行扫描，使被扫描区域的树脂固化，从而得到该截面轮廓的树脂薄片。然后工作台下降一层薄片的高度，已固化的树脂薄片就被一层新的液态树脂覆盖，以便进行第二层激光扫描固化。新固化的一层牢牢地黏结在前一层上，如此重复，直到整个产品成型完毕。最后升降台升出液体树脂表面，取出工件，进行清洗、去除支撑、二次固化以及表面光洁处理等，如图 1-43 所示。

综上所述，3D 打印技术以不同的打印成型技术可以创建不同类型、不同

特点的部件，相信随着 3D 打印技术的发展，会有更多更好的材料以及更多的
打印成型技术加入 3D 打印家族中来。

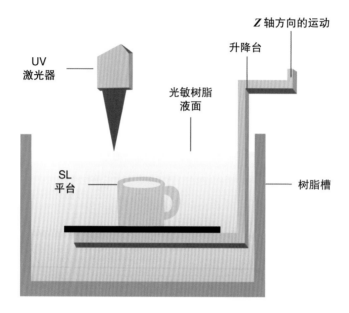

图 1-43　SLA 成型原理

第二章

3D打印机典型部件工作原理

动画：主控板的
认知

在 3D 打印机中，是谁让打印机的喷嘴运动工作的？又是谁让打印工作台配合打
印机喷嘴的呢？下面主要介绍 3D 打印机的主控芯片——主控板。

（一）认识主控板

主控板是 3D 打印机控制系统的核心，如图 2-1 所示。在 3D 打印机中，
主控板具有数据收集、运算、指令输出等功能。简单来说，主控板就是 3D 打
印机的计算和控制中心。

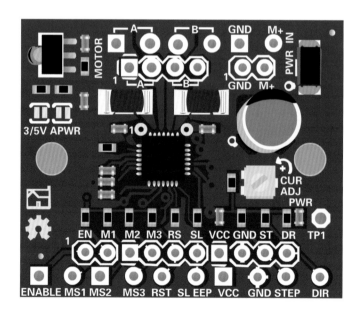

图 2-1　主控板

（二）主控板的控制内容形式

1. 步进电机的运动控制

主控芯片读取计算机或者 SD 卡内的切片文件，根据 X、Y、Z 轴所需要移动的距离计算出步进电机转动的圈数，并将这个参数传送至各个轴的步进电机驱动器，驱动器发出相应数量的脉冲和方向信号，步进电机接收到信号后做出相应的运动，将喷嘴送至切片文件中每个路径所在的点位。这一过程连续运作，喷嘴就可以实现连续运动跑完整个模型的打印路径，如图 2-2 所示。

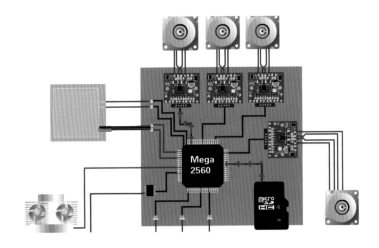

图 2-2　步进电机的运动控制

2. 温度控制

温度传感器、加热模块（包括加热棒和加热铝块）、散热风扇、热床和散热鳍片共同构成了 3D 打印机的温控系统，如图 2-3 所示。当操作者给出打印指令时，主控芯片读取切片文件里的热床温度参数，通过电子开关命令使加热棒升温，升温的同时温度传感器实时读取热床的温度，当热床温度达到指定温度时，温度传感器向主控芯片发送指令，加热棒停止升温并保持当前温度。

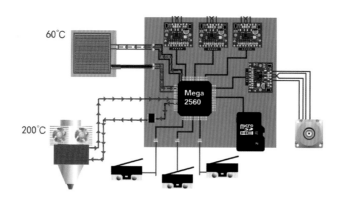

图 2-3　温控系统

如图 2-4 所示，经过一段时间后如果温度有所下降，温度传感器再次向主控芯片发送信号，主控芯片提升加热棒的电流，将热床再次升温到指定温度。通过温度传感器的温度反馈，主控芯片可以实现动态温控。喷嘴的温控原理与此相同。

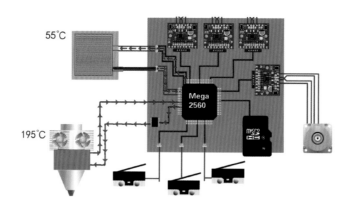

图 2-4　温度下降后的温控系统

3. 三轴联动控制

如图 2-5 所示，主控芯片读取切片内容，获取目标位置信息，经过计算将所需命令发送到各个轴，各个轴向的单独运动复合起来就形成喷嘴在空间中的运动，例如让喷嘴走到（10，10，10）的空间位置，需要先沿 X 轴走 10 个单位，

然后沿 *Y* 轴走 10 个单位，再沿 *Z* 轴走 10 个单位。通常情况下，为了提高效率，三个轴向是同时运动的，这样能使喷嘴以最快的速度到达目标点。

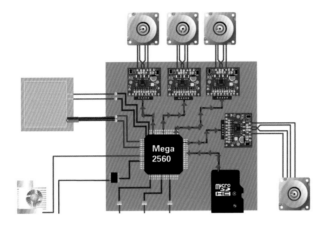

图 2-5　三轴联动控制

4. 限位开关控制

主控芯片经过计算将所需命令发送到电机，电机进行复位时带动皮带和挤出头向右运动，如图 2-6 所示。当挤出头的 A 点碰到限位开关，将 B 点压到 C 点上，限位开关发出"到达极限位置"的信号，电机停止转动。

图 2-6　限位开关控制

动画：步进电机
的传动原理

　　步进电机作为数字控制系统中的一个执行元件，在 3D 打印机中的作用尤为重要。下面我们来认识一下步进电机，并学习步进电机的传动原理。

（一）认识步进电机

　　电机是 3D 打印机上一个非常重要的动力部件，它的精度关系着 3D 打印的效果，一般来说，3D 打印机上用的都是步进电机，如图 2-7 所示。

图 2-7　步进电机

　　步进电机是一种离散运动装置，它与普通的交直流电机不同，普通电机给电就转，但步进电机不是，步进电机是接到一个命令就执行一步。

　　通常情况下，步进电机需要结合丝杠或皮带等运动机构将电机的旋转运动转化为直线运动。

（二）基本原理

步进电机是将电脉冲信号转变为角位移或线位移的执行机构。当步进驱动器接收到一个脉冲信号，它就驱动步进电机按设定的方向转动一个固定的角度，称为"步距角"，它的旋转是以固定的角度一步一步运行的。可以通过控制脉冲个数来控制角位移量，从而达到准确定位的目的；同时也可以通过控制脉冲频率来控制电机转动的速度和加速度，从而达到调速的目的。

在非超载的情况下，电机的转速、停止的位置只取决于脉冲信号的频率和脉冲数，而不受负载变化的影响。

当电流流过定子绕组时，定子绕组产生一矢量磁场，如图 2-8 所示。当定子的矢量磁场旋转一个角度，该磁场会带动转子旋转一角度，如图 2-9 所示，使得转子的一对磁场方向与定子的磁场方向一致。每输入一个电脉冲，电机就会转动一个角度前进一步，所输出的角位移与输入的脉冲数成正比，转速与脉冲频率成正比，改变绕组通电的顺序，电机就会反转。所以可用控制脉冲数量、频率及电机各相绕组的通电顺序来控制步进电机的转动。

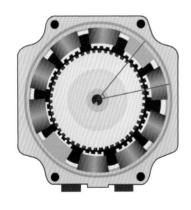

图 2-8　定子绕组产生磁场

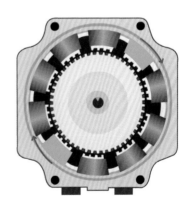

图 2-9　转子旋转角度

（三）步距角和扭矩的含义

1. 步距角

通常我们在步进电机上能看到 1.8°、0.9°的字样，这个参数叫作步距角。其含义是在整步运行的状态下，步进电机每接收一个脉冲，转子所转过的角度，一般来说这个角度是固定的。如果标示 1.8°或者 1.8deg，就是指固定步距角为 1.8°；如果标示 0.9°或者 0.9deg，就是指固定步距角为 0.9°。另外，可以通过电机标识上面的步距角来计算步进电机转一圈所需的脉冲数，如图 2-10 所示，其计算方法是 360°÷步距角。以步距角为 1.8°的步进电机举例说明，在整步运行状态下，电机轴转一圈需要 360°÷1.8°=200 个脉冲（步），其他型号的电机以此类推。需要注意的是，这种计算方法是在整步运行状态下得出的，如果使用细分驱动器，用户只须在驱动器上改变细分数，就可以改变步距角大小。实际工作的步距角则需要根据驱动器的细分级数来计算。

图 2-10　步进电机标识

2. 扭矩

扭矩是使物体发生转动的一种特殊的力矩。扭矩的单位是 N·m。

通常情况下，我们在 3D 打印机上使用的步进电机为 42 型，其扭矩一般为 0.45~1.2N·m。在某些特殊场合下需要一定的减速机构来实现更大的扭矩。

（四）步距角的细分数

步距角的细分数是指在不改变硬件连接的前提下通过驱动器改变 A、B 相电流的大小，以改变合成磁场的夹角，从而可将一个完整的步距角均匀地划分为多个微步。例如驱动器在 8 细分状态时，其实际步距角是整步步距角的 1/8，也就是说将一个整步分为 8 个微步。原本一个脉冲对应 1.8°，现在则是 8 个脉冲才能走完一个 1.8°，这样每个脉冲获得的转动角度则是 1.8°÷8=0.225°，更高的细分数可以实现更小的角度控制，所以通过细分数来使步进电机的转动角度更精细。

通常步进电机的细分数是由驱动器来实现的，一台优质的驱动器可以实现 8 细分、16 细分、32 细分、64 细分、128 细分、256 细分等不同的细分数。越高的细分数对步进电机的控制越精细。常见的步进电机驱动器的型号有 A3967（见图 2-11）、A4988（见图 2-12）、TB6560（见图 2-13）、TB6600（见图 2-14）等。此外还可以选择更好的工业级驱动器，相应的控制难度和调试也复杂得多。

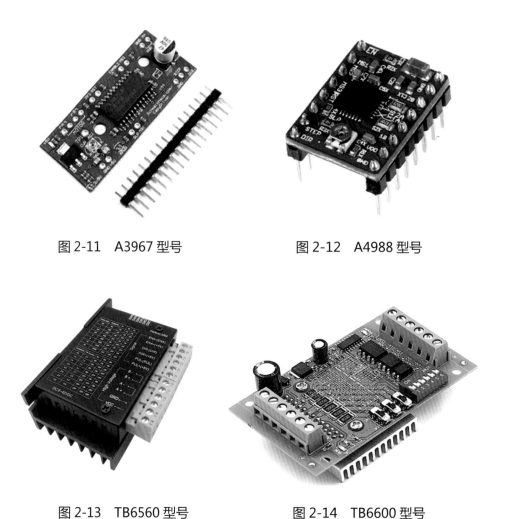

图 2-11 　A3967 型号　　　　　　　　图 2-12 　A4988 型号

图 2-13 　TB6560 型号　　　　　　　图 2-14 　TB6600 型号

（五）步进电机的失步

　　步进电机在正常工作时，每接收一个控制脉冲就移动一个步距角，即前进一步转子就相应地转动固定的角度。若连续地输入控制脉冲，电机就连续地转动。当步进电机旋转的角度与实际脉冲数不一致时就叫作失步，此时输入的脉冲不能够完全转化成步进电机的旋转运动。

　　步进电机失步包括丢步和越步两种状况。丢步时，转子前进的步数小于脉冲数；越步时，转子前进的步数多于脉冲数。通常在电机启动时脉冲数过高，转子的转动速度来不及跟上旋转磁场的情况下就会发生丢步。丢步严重时，使转子停留在一个位置上或围绕一个位置振动。在制动和突然换向的情况下，短时间内脉冲变化过于强烈，转子获得过多的能量导致不能及时停止转动，就会发生越步。越步严重时，运动装置将发生过冲。

动画：3D 打印机传动机构

3D 打印机传动机构是什么？它都有哪些分类呢？下面我们来了解关于 3D 打印机传动机构的知识。

传动机构是把动力从机器的一部分传递到另一部分，使机器或机器部件运动或运转的机构。3D 打印机传动机构包括同步带传动和丝杠传动。

（一）同步带传动

同步带传动一般也称为咬合型带传动，如图 2-15 所示。它通过传动带内表面上等距分布的横向齿和带轮上的相应齿槽的咬合来传递运动。同步带传动由于带与带轮是靠咬合传递运动和动力，故带与带轮之间无相对滑动，能保证准确的传动比。

同步带通常以钢丝绳或玻璃纤维绳为抗拉体，氯丁橡胶或聚氨酯为基体，这种同步带薄而且轻，故可满足较高速度的使用需求。同步带传动噪声比摩擦带传动、链传动和齿轮传动小，其耐磨性好，不需油润滑，寿命比摩擦带长。它的主要缺点是制造和安装精度要求较高，中心距要求较严格。所以同步带广泛应用于要求传动比准确的中、小功率传动中。

图 2-15　同步带传动

（二）丝杠传动

3D 打印机上常用的丝杠有梯形丝杠、滚珠丝杠等。梯形丝杠是一种滑动摩擦的传动机构，如图 2-16 所示，其优点是价格便宜、维护方便，缺点是摩擦系数较大，相比滚珠丝杠而言精度较低。

图 2-16　梯形丝杠

滚珠丝杠是将回转运动转化为直线运动，或将直线运动转化为回转运动的理想产品，如图 2-17 所示。

图 2-17　滚珠丝杠

1. 丝杠传动原理

按照国家标准《滚珠丝杠副　第 3 部分：验收条件和验收检验》（GB/T 17587.3—2017）及应用实例，滚珠丝杠（俗称丝杠，已基本取代梯形丝杠）是用来将旋转运动转化为直线运动，或将直线运动转化为旋转运动的执行机构，并具有传动效率高、定位准确等优点，如图 2-18 所示。

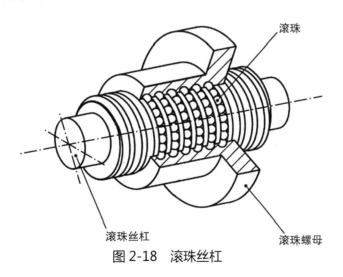

图 2-18　滚珠丝杠

当丝杠作为主动体时，螺母就会随丝杠的转动角度按照对应规格的导程转化成直线运动，被动工件可以通过螺母座和螺母连接，从而实现对应的直线运动。

2. 丝杠传动应用

（1）超高 DN 值滚珠丝杠：高速工具机床、高速综合加工中心。

（2）端盖式滚珠丝杠：快速搬运系统、一般产业机械、自动化机械。

（3）高速化滚珠丝杠：CNC 机械、精密工具机床、产业机械、电子机械、高速化机械。

（4）精密研磨级滚珠丝杠：CNC 机械，精密工具机床，产业机械，电子机械，输送机械，航天工业，其他天线使用的制动器、阀门开关装置等。

（5）螺帽旋转式（R1）系列滚珠丝杠：半导体机械、产业用机器人、木工机、激光镭射加工机、搬送装置等。

（6）轧制级滚珠丝杠：具有低摩擦、运转顺畅的优点，同时供货迅速且价格低廉。

（7）重负荷滚珠丝杠：全电式射出成型机、冲压机、半导体制造装置、重负荷制动器、产业机械、锻压机械。

3. 丝杠传动的特点

（1）摩擦损失小、传动效率高。由于滚珠丝杠副的丝杠轴与丝杠螺母之间有很多滚珠在做滚动运动，所以能得到较高的运动效率。与过去的滑动丝杠副相比驱动力矩达到 1/3 以下，即达到同样运动结果所需的动力为使用滑动丝杠副的 1/3。

（2）精度高。滚珠丝杠副一般是用高水平的机械设备生产出来的，特别是在研削、组装、检查各工序的工厂环境方面，对温度、湿度进行了严格的控制，完善的品质管理体制使其精度得以充分保证。

（3）高速进给和微进给。滚珠丝杠副由于是利用滚珠运动，所以启动力矩极小，不会出现滑动运动那样的爬行现象，能保证实现精确的微进给。

（4）轴向刚度高。滚珠丝杠（见图 2-19）可以加予预压力，因为预压力可使轴向间隙达到负值，进而得到较高的刚性。滚珠丝杠内通过给滚珠加予预压力，在实际用于机械装置等时，由于滚珠的斥力可使螺母部件的刚性增强。

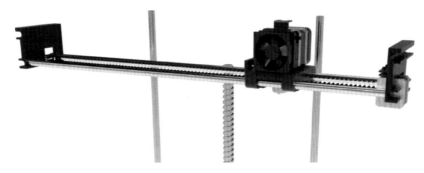

图 2-19　3D 打印机上的滚珠丝杠

4. 丝杠传动的保护

滚珠丝杠可通过润滑剂来提高耐磨性及传动效率。润滑剂分为润滑油及润滑脂两大类。润滑油可采用机油、90~180 号透平油或 140 号主轴油；润滑脂可采用锂基油脂。润滑脂加在螺纹滚道和安装螺母的壳体空间内，而润滑油通过壳体上的油孔注入螺母空间内。

滚珠丝杠和其他滚动摩擦的传动元件，只要避免磨料微粒及化学活性物质进入，就可以认为这些元件几乎是在不产生磨损的情况下工作的。但如果在滚道上落入脏物，或使用肮脏的润滑油，不仅会妨碍滚珠的正常运转，而且会使磨损急剧增加。

通常采用毛毡圈（见图 2-20）对螺母进行密封，毛毡圈的厚度为螺距的 2~3 倍，而且它的内孔做成螺纹的形状，使之紧密地包住丝杠，并装入螺母或套筒两端的槽孔内。密封圈除了采用柔软的毛毡之外，还可以采用耐油橡胶或尼龙材料。由于密封圈和丝杠直接接触，因此防尘效果较好，但也增加了滚珠丝杠螺母副的摩擦阻力矩。为了避免这种摩擦阻力矩，可以采用由较硬塑料制成的非接触式迷宫密封圈，内孔做成与丝杠螺纹滚道相反的形状，并留有一定的间隙。

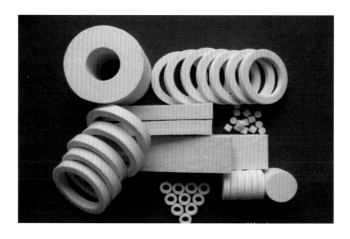

图 2-20　毛毡圈

对于暴露在外面的丝杠，一般采用螺旋刚带、伸缩套筒、锥形套筒以及折叠式塑料或人造革等形式的防护罩，以防止尘埃和磨粒黏附到丝杠表面。除与导轨的防护罩相似外，这几种防护罩一端连接在滚珠螺母的端面，另一端固定在滚珠丝杠的支承座上，这样更加牢固。

四、送料机的工作原理

动画：送料机的
工作原理

在初步认识了 3D 打印机的一些功能和操作之后，下面我们更深入地了解一下打印机是怎样把材料送入机内然后进行打印的。

（一）送料机内部构造

如图 2-21 所示，3D 打印机的送料机由步进电机、送料管道、导向孔、槽轮、黄铜齿轮、顶丝以及弹簧组成。

（1）步进电机：3D 打印机传送材料的动力部件，如图 2-22 所示。

（2）送料管道：3D 打印机传送材料的管道，如图 2-23 所示。

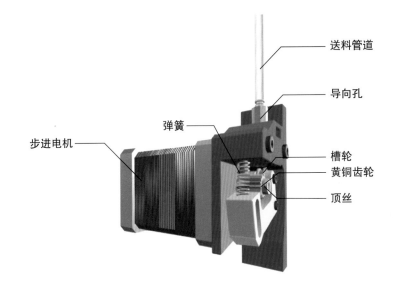

图 2-21　送料机内部构造

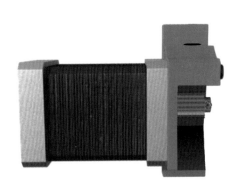

图 2-22　步进电机

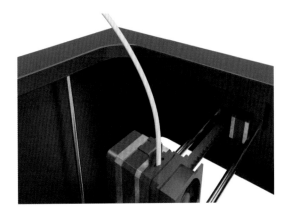

图 2-23　送料管道

（3）导向孔：3D 打印机引导材料进入挤出头的部件，如图 2-24 所示。

（4）槽轮：起导向作用，防止材料左右移动，如图 2-25 所示。

（5）黄铜齿轮：3D 打印机咬合材料传送部件，如图 2-26 所示。

（6）顶丝：3D 打印机固定黄铜齿轮的螺钉，如图 2-27 所示。

（7）弹簧：可以使槽轮与黄铜齿轮之间距离自由伸缩，能够更好地控制材料的进料与出料，如图 2-28 所示。

图 2-24　导向孔

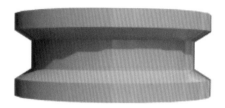

图 2-25　槽轮

图 2-26　黄铜齿轮

图 2-27　顶丝

图 2-28　弹簧

（二）送料机工作原理

送料机由电机驱动，电机轴上固定一个齿轮，与齿轮相对的是一个起导向作用的槽轮，齿轮的咬合实现送料和退料，如图 2-29 所示。

图 2-29　送料机内部示意图

首先要将材料由导向孔插入并顺着导向槽轮穿出，再将材料穿过槽轮，送进前端的线槽内，步进电机旋转时带动齿轮转动，并通过齿轮和槽轮的咬合力将材料送入挤出机，如图 2-30 所示。

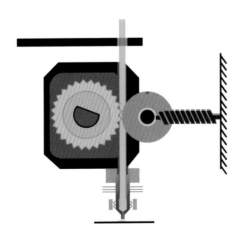

图 2-30　将材料送入挤出机

在黄铜齿轮的另一端有一组弹簧来增加槽轮摩擦力使得材料不会打滑，并且在黄铜齿轮的侧身会有顶丝来防止黄铜齿轮打滑。因为送料机需要较大的送料力度，所以增加摩擦力防滑保证顺利送料是很重要的。

随着打印时间的推移，步进电机的温度会缓慢升高，温度升高可能会导致材料变软（见图 2-31），影响送料，所以有些 3D 打印机会在送料机旁安装散热装置来增加打印效率，如图 2-32 所示。

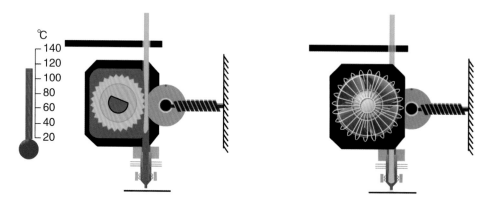

图 2-31　温度过高　　　　　　　　　图 2-32　安装风扇散热

五、挤出头的工作原理

动画：挤出头的
工作原理

在初步认识了 3D 打印机的一些功能和操作之后，将会更深入地了解打印机是怎样把材料打印到工作台上的。下面让我们了解挤出头的组成和基本工作原理。

（一）挤出头的组成

挤出头是 3D 打印机的核心部件之一，是用来加热熔化打印材料并从喷嘴挤出的一个组合部件。

挤出头由喉管、散热环、加热铝块、温度传感器、加热棒、黄铜喷嘴组成，如图 2-33 所示。

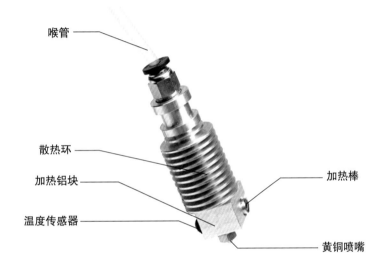

喉管

散热环

加热铝块

温度传感器

加热棒

黄铜喷嘴

图 2-33　挤出头结构

（二）挤出头的基本工作原理

当材料从送料机进入喉管，经过散热区域来到加热区域时，加热棒的热量会通过加热铝块传递到黄铜喷嘴上，材料在黄铜喷嘴尖端熔化成半流体状态，如图 2-34 所示。后面的材料持续向前推挤，就可以让熔化态的材料从黄铜喷嘴挤出到 3D 打印工作台上，如图 2-35 所示。

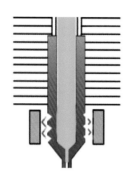
图 2-34 材料熔化

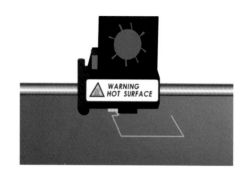
图 2-35 材料挤出到打印工作台

为了保证材料顺滑供给，喉管内径要略大于材料的直径，如图 2-36 所示。

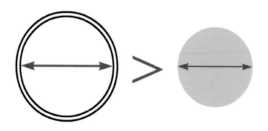

图 2-36 喉管与材料

前端熔化的材料受到挤压后，会从黄铜喷嘴挤出，也会从喉管内部的间隙倒流回去。如果倒流的距离稍长，回流的材料就会在冷却区域凝固，导致材料卡死，如图 2-37 所示。

图 2-37 倒流导致材料卡死

因此，加热铝块上方的部分需要用风扇进行快速散热，让材料只在黄铜喷嘴内部熔化，从而达到阻止倒流的目的。

动画：限位开关
的工作原理

限位开关是 3D 打印机不可或缺的结构之一。下面我们将要学习限位开关的基础知识，了解它在 3D 打印机打印物体的过程中所起到的作用以及它的工作原理。

为了保护 3D 打印机的喷嘴，避免打印过程中喷嘴撞击到行程终点，3D 打印机在设计时安装了限位开关，用来限制喷嘴运动的极限位置。

MBot 3D 打印机（见图 2-38）有 3 个限位开关。

图 2-38 MBot 3D 打印机

其中，在 Z 轴方向上运动的限位开关在移动端喷嘴旁—— 一个类似鼠标滚轮的装置；在 X 轴方向上运动的限位开关在 Y 轴滑轨上；在 Y 轴方向上运动的限位开关在滑轨一端的打印机外壳侧壁上，如图 2-39 所示。

图 2-39　3 个限位开关

（一）限位开关的工作原理

限位开关又称为行程限位开关，用于控制 3D 打印的行程及限位保护。在实际操作中，限位开关就是用来限定 3D 打印机的运动极限位置的电器开关。将限位开关安装在行程终点位置，当带有打印喷嘴的运动部件触碰到限位开关的机械触头时，运动部件就会停止运行或改变运行方向，如图 2-40 所示。

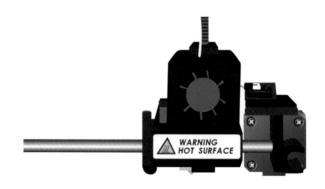

图 2-40　打印喷嘴触碰终点处的限位开关

限位开关广泛用于各类机床和起重机械，用来控制其行程，进行终端限位保护。3D 打印机利用限位开关来控制打印喷嘴部件移动的速度和其在 X、Y、Z 轴方向上运动的限位保护。

限位开关一般分为非接触式限位开关和接触式限位开关两类。非接触式限位开关的形式有很多种，常见的有干簧管（见图 2-41）、光电式（见图 2-42）、感应式（见图 2-43）等，这几种形式的限位开关在电梯中都能够见到。

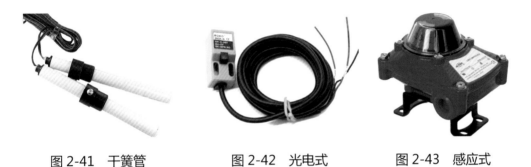

图 2-41　干簧管　　　　图 2-42　光电式　　　　图 2-43　感应式

接触式限位开关的形式也有很多种，3D 打印机的限位开关就属于接触式限位开关。这种形式的限位开关比较直观，在 3D 打印机的运动部件上安装一个限位开关，与其相对运动的打印工作台就相当于极限位置的挡块。机械触头与打印喷嘴处在同一水平面上，当该限位开关的机械触头碰到打印工作台时，就意味着打印喷嘴即将触到工作台，此时，限位开关触点动作切断或改变了控制电路，打印喷嘴就停止或改变运行方向，如图 2-44 所示。

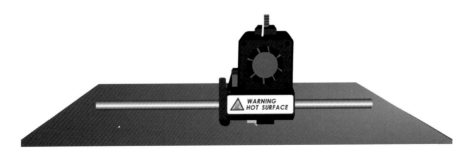

图 2-44　打印喷嘴上的限位开关触碰打印工作台

而在 X、Y 轴方向上运动的限位开关是用来限制打印喷嘴部件运动位置的电器开关。在 3D 打印机工作时，打印喷嘴部件会根据设置好的程序，在打印机的工作空间中按指令进行移动，当打印喷嘴部件移动到 X 轴或 Y 轴的某端点时，部件会触碰到安装在该端点处的限位开关，如图 2-45 所示。此时限位开关闭合，并同时发出碰撞信号，信号传送到主控板，主控板接收到信号后发出停止运行的指令，此时步进电机停止转动，喷嘴停留在终点位置不再继续冲撞行程终点，从而实现保护运行机构的作用。

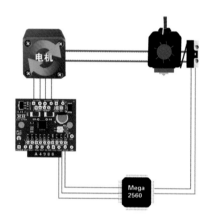

图 2-45　限位开关运行控制

七、打印材料和底板

动画：打印材料
和底板

　　3D 打印的材料多种多样，那么我们在 3D 打印中如何选择适合自己的材料呢？下面让我们来了解各类 3D 打印材料的特性。

当使用者初次接触 3D 打印机时，常常会不清楚使用哪种材料打印，一个合适的材料不仅能更好地让我们进行 3D 打印操作，而且能减少我们的费用，所以选择合适的材料是十分重要的，下面带大家了解几种常见的 3D 打印材料。

（一）打印材料

3D 打印材料的种类繁多，目前可用的 3D 打印材料种类已超过 200 种，但对应现实中纷繁复杂的产品还是远远不够的。如果把这些打印材料进行分类，可分为石化类、生物类、金属类、混凝土类等，比较常用的打印材料有以下几种。

1. ABS 塑料

ABS 塑料是一种常用的 3D 打印材料，如图 2-46 所示。它有多种颜色可以选择，是消费级 3D 打印机用户最喜爱的打印材料之一，例如打印玩具、创意家居饰件等。ABS 塑料通常是细丝盘装，通过 3D 打印喷嘴加热熔化打印。由于喷嘴喷出材料之后需要立即凝固，说明不同的 ABS 塑料的熔点不同，所以需要配备可以调节温度的挤出头。

图 2-46　ABS 塑料

2. PLA 塑料

PLA 塑料是另外一种常用的 3D 打印材料，尤其对于消费级 3D 打印机来说，PLA 塑料具有环保、可降解的优点。不同于 ABS 塑料，PLA 塑料一般情况下不需要加热床，所以 PLA 塑料更方便使用，更适合普及。PLA 塑料有多种颜色可以选择（见图 2-47），而且还有半透明及全透明的（见图 2-48）。

图 2-47　多种颜色的 PLA 塑料　　　　图 2-48　全透明的 PLA 塑料

3. 亚克力材料

亚克力（有机玻璃）材料的表面光洁度好，可以打印出透明和半透明的产品，如图 2-49 所示。目前利用亚克力材料可以打印出牙齿模型，用于牙齿的矫正。

图 2-49　亚克力杯

4. 尼龙

尼龙也就是聚酰胺纤维，它最大的特点是耐磨性极高，在混纺织物中加入少量的尼龙可大大提高其耐磨性。

尼龙粉末材料结合 SLS 技术，可以制作出色泽稳定、抗氧化性好、尺寸稳定性好、吸水率低、易于加工的产品，如图 2-50 所示。

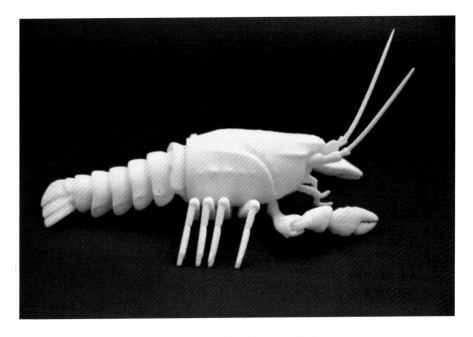

图 2-50　尼龙材料打印模型

在尼龙粉末中掺杂铝粉，利用 SLS 技术进行打印，其成品具有金属光泽，因此经常用于打印装饰品和首饰等创意产品。

5. 树脂

树脂也被称为 UV 树脂，是激光光固化成型的重要原料。它的变化种类很多，一般分为液态透明状和半固体状，可以用于制作中间设计过程模型。由于其成型精度比 FDM 技术高，具备高强度、耐高温、防水等特点，常用于制作生物模型或医用模型（见图 2-51）、手板、手办、首饰或者精密装配件等。

图 2-51　医用模型

6. 玻璃

　　玻璃是一种用途广泛的材料，但它不易加工，尤其不易用于 3D 打印，因为这种材料的熔点非常高。美国麻省理工学院的科学家们根据双层加热炉的概念制作了特殊的 3D 打印机，并成功打印出了透明的玻璃杯，如图 2-52 所示。目前，使用玻璃材料的 3D 打印技术尚未成熟，有待进一步研发和实验。

图 2-52　用玻璃材料打印的杯子

7. 陶瓷

　　陶瓷既具有陶器的透气性和吸水性，又具有瓷器的坚硬性。将陶瓷粉末采用 SLS 技术进行烧结能够打印陶瓷产品，这种产品具有高耐热、可回收、安全无毒的特点。因此，陶瓷可作为理想的餐具、瓷砖、花瓶等家居产品的材料，如图 2-53 所示。

图 2-53　陶瓷餐具

8. 金属——金、银和钛金属

金属打印是一项能够直接立体制造高性能金属功能件的高端增材制造技术。金属粉末（见图 2-54）具有良好的力学强度和导电性。一般采用 SLS 的粉末烧结技术，金、银材料可用作打印饰品，深受珠宝设计师们的喜爱；而钛金属是高端 3D 打印机常用的材料，可用来打印汽车、航空飞行器上的构件。

图 2-54　金属粉末

9. 金属——不锈钢

不锈钢是最廉价的金属打印材料，它质地坚硬，并且有很强的牢固度。不锈钢粉末采用 SLS 技术进行 3D 烧结，并可以选用银色、古铜色以及白色等颜色。不锈钢可用于制作模型、功能性或装饰性的用品，如图 2-55 所示。

图 2-55　不锈钢装饰品

（二）打印底板

在选择 3D 打印材料时，不仅要考虑打印机的种类、需要打印的强度等特性，还要考虑 3D 打印机是否具有底板加热功能。

我们常用的热熔堆积固化成型式 3D 打印机的底板分为两种：一种是带有加热功能的底板，如图 2-56 所示；另一种是不带有加热功能的底板，如图 2-57 所示。

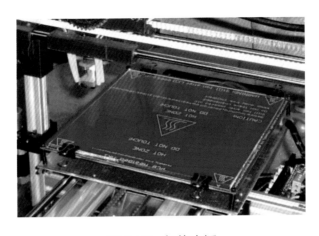

图 2-56　加热底板

图 2-57　不加热底板

　　带有加热功能的底板通常被称为热床，它的主要功能是可以防止打印的产品翘边。例如，ABS 材质的 3D 打印材料，由于其收缩率较高，在无热床的 3D 打印机上打印就比较容易出现翘边的情况；而 PLA 这种收缩率较低的 3D 打印材料对于 3D 打印机是否带有底板加热功能就不是很敏感。

　　种类众多的 3D 打印材料使我们可以打印出多种多样的作品，满足我们的不同需求。更多种类的打印材料正在如火如荼地研发中，未来的 3D 打印材料将满足我们打印出更多种类作品的需求，让 3D 打印技术在更多的领域发光发热。

第三章

跟我学打印

动画：3D 打印的
基本流程

在了解了 3D 打印机主要部件的工作原理之后，本章我们就开始一起学习如何打印。下面我们首先来了解 3D 打印的基本流程。

1. 模型的设计

3D 打印的第一步就是把自己想要打印的模型在 3ds Max 等建模软件中创建出来，如图 3-1 所示，然后保存为切片软件可识别格式（一般为 STL 格式）的数据文件。

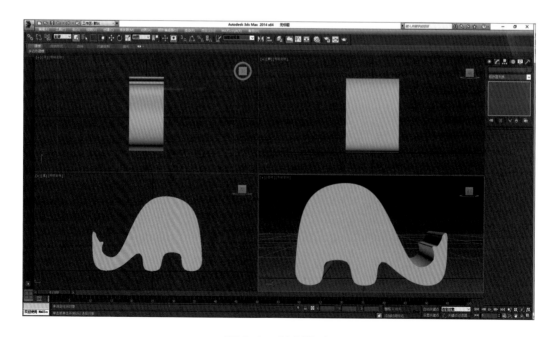

图 3-1　创建模型

2. 模型切片

在创建好三维模型之后，将三维模型导入切片软件中，转化为 3D 打印机识别的数据格式，如图 3-2 所示。若脱机打印，需要将文件存入 SD 卡中。

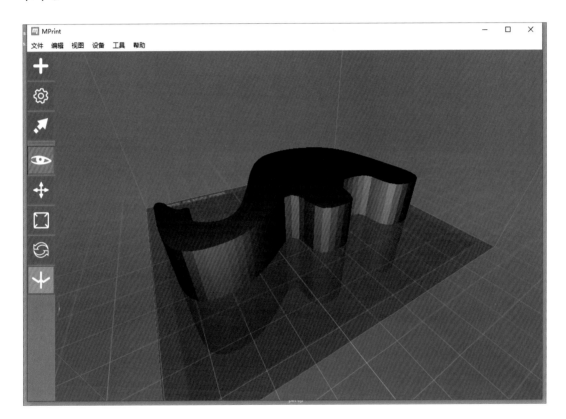

图 3-2　模型切片

3. 预热和进料

在 3D 打印机的"送料"菜单中选择"进料"选项，如图 3-3 所示，待打印机预热之后开始进料。

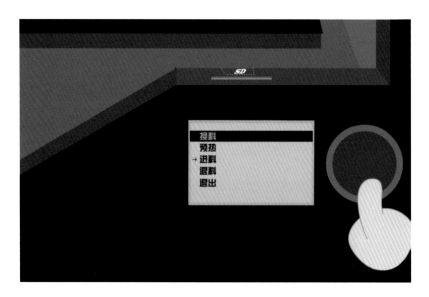

图 3-3　预热和进料

4. 开始打印

把内存卡插入 SD 卡槽中，在操作面板上选择需要打印的文件，准备打印，如图 3-4 所示。

图 3-4　准备打印

5. 打印完成

选定好文件之后 3D 打印机开始自动打印模型，如图 3-5 所示。打印完成的模型用砂纸打磨处理一下，一件完整的作品就制作完成了，如图 3-6 所示。

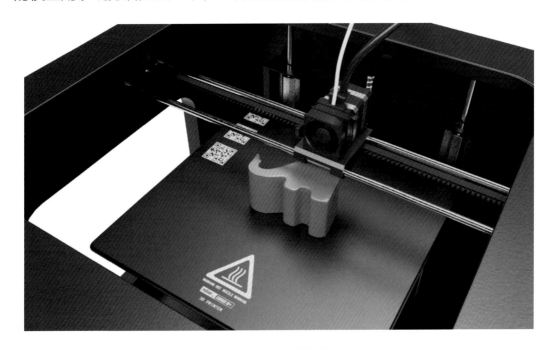

图 3-5 开始打印

图 3-6 打印成功的模型

动画：3D 打印机
的操作界面

3D 打印机操作界面的一些选项是做什么的？到底有什么用呢？下面就让我们来学习 3D 打印机的操作界面。

在使用 3D 打印机打印前，首先要了解打印机的操作界面。当我们打开电源开关后，3D 打印机的屏幕亮起，主菜单共有 4 个选项，分别是"打印""换料""设置""关于"，如图 3-7 所示。下面我们了解一下这些选项的基本功能。

图 3-7　主菜单

（一）各个功能介绍

1."打印"功能

"打印"功能是确认要打印的模型，然后会跳转到 SD 卡并显示模型列表，选择需要打印的模型文件，如图 3-8 所示，即可开始打印。

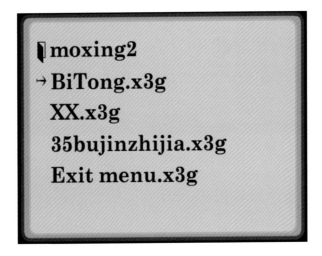

图 3-8　选择模型文件

当在 SD 卡中选好模型文件后，按下旋转按钮确定打印，会跳转到打印界面，如图 3-9 所示。

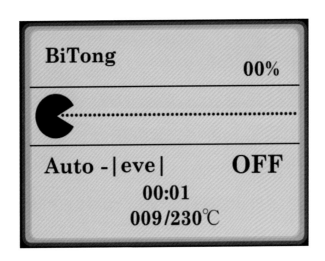

图 3-9　打印界面

在打印界面显示有模型名称、打印进度百分比、打印进度条、自动调速、打印计时、当前喷嘴温度、目标喷嘴温度，如图 3-10 所示。

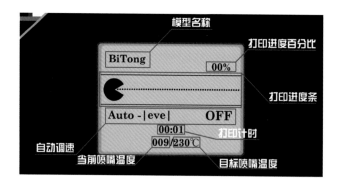

图 3-10 当前打印界面显示

在打印过程中按下旋转按钮，3D 打印机会跳到设置界面，如图 3-11 所示。

图 3-11 设置界面

（1）"返回"是返回到打印界面。

（2）"取消打印"是停止喷嘴打印作业，喷嘴和工作台恢复到初始位置，结束打印。

（3）"暂停"是暂停或继续喷嘴当前作业。

（4）"调速"是调整 3D 打印机当前的打印速度。

（5）"调温"是调整当前打印喷嘴的温度。

（6）"打开风扇"是显示散热风扇的状态。

2. "换料"功能

"换料"是整理材料的功能，用来暂停机器更换材料。在"换料"菜单中还包括"预热""进料""退料""退出"功能，如图 3-12 所示。

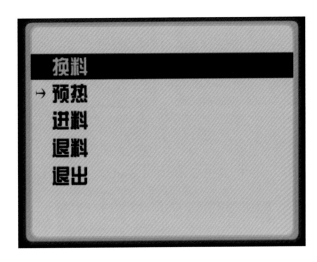

图 3-12 "换料"菜单

（1）"预热"是提高喷嘴温度，在打印前期进行预热来查看喷嘴是否能正常工作。

（2）"进料"是把材料加工后正常地从喷嘴中流出的过程，也是在准备之前来检测喷嘴是否堵塞，是否能正常运作的一个功能。

（3）"退料"是把打印的材料从机体内部送到外部的功能。当打印完毕确认退料后，材料会被自动退出机体。

（4）"退出"是指退出当前菜单，回到前一页。

3. "设置"功能

"设置"具有调整打印机的功能。它包括"中心点坐标""喷嘴偏移量""补偿偏移量""复位""手动模式""通用设置""预热设置""自动调频参数""风扇调节""打印机数据""重置""语言""退出"功能，如图 3-13 所示。

 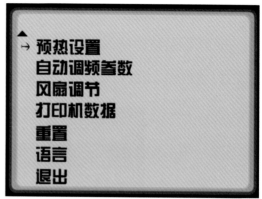

图 3-13　设置

（1）"中心点坐标"用来显示喷嘴在工作区域中的位置，如图 3-14 所示。

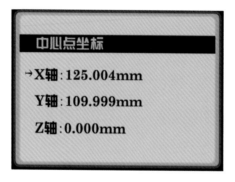

图 3-14　中心点坐标

（2）"喷嘴偏移量"用来调整喷嘴在 X 轴和 Y 轴方向上的偏移量值，如图 3-15 所示。

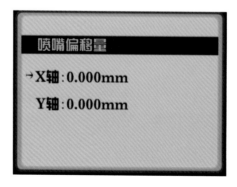

图 3-15　喷嘴偏移量

（3）"补偿偏移量"是指补偿喷嘴运作时坐标的过余量。

（4）"复位"是指使喷嘴自动返回至原点。

（5）"手动模式"是指手动调整喷嘴坐标位置，如图3-16所示。

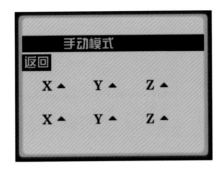

图3-16 手动模式

（6）"通用设置"包括"暂停时加热""声音""喷嘴数""材料检测""退出"功能，如图3-17所示。

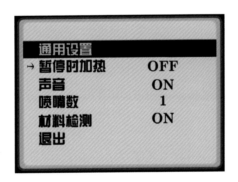

图3-17 "通用设置"菜单

① "暂停时加热"是指喷嘴暂停时是否加热的开关。

② "声音"是指打印机发出的警示声音的设置。

③ "喷嘴数"是指显示打印机的喷嘴个数。

④ "材料检测"是指检测材料功能的开关。

⑤ "退出"是指退出当前界面回到前一个菜单。

（7）"预热设置"是3D打印机预热温度的一个设置标准。图3-18所示的喷嘴温度设置的是 230℃。

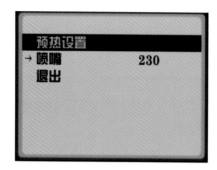

图 3-18　预热设置

（8）"自动调频参数"是指调整"各点间最大自动调频高度"，如图 3-19
所示。

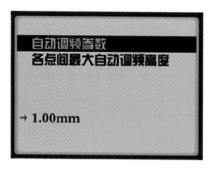

图 3-19　自动调频参数

（9）"风扇调节"是指调节 3D 打印机风扇转动速率的百分比，可以调节
风扇转动的快慢，如图 3-20 所示。

图 3-20　风扇调节

（10）"打印机数据"是显示打印机的"Lifetime"（总运行时间）、"Last Print"（最后打印时间）、"Filament"（预计用料长度）、"Fil Trip"（实际用料长度），如图 3-21 所示。

图 3-21　打印数据

（11）"重置"是指打印机恢复到出厂设置。

（12）"语言"是指调整操作界面的语言类型，包括英文和中文。

（13）"退出"是指退出当前界面。

4. "关于"功能

主菜单中的第四个功能就是"关于"，它显示了该打印机的型号与固件版本，如图 3-22 所示。

图 3-22　关于功能

三、三维建模软件的安装

想要进行 3D 打印，首先我们要准备一个 3D 模型。下面主要介绍把 3D 建模需要的软件安装到计算机上的方法。

3D 建模软件有很多种，这里使用的是 3ds Max 2014，大家可以根据自己的喜好选择不同的 3D 建模软件。接下来，我们一起来学习 3ds Max 2014 的安装步骤。

（1）下载 3ds Max 2014 的安装文件，如图 3-23 所示。

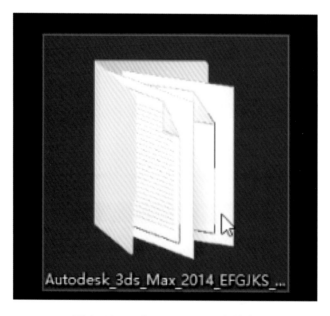

图 3-23　3ds Max 2014 文件夹

（2）打开安装文件，双击 Setup 开始安装，如图 3-24 所示。

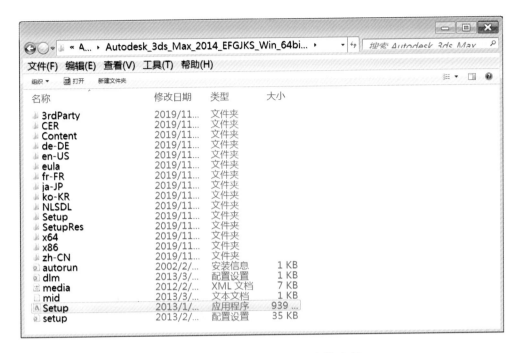

图 3-24　3ds Max 2014 安装文件

（3）单击"安装"按钮，如图 3-25 所示。

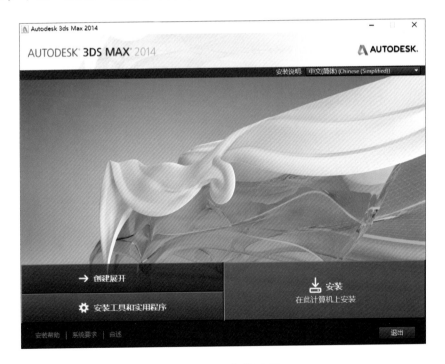

图 3-25　安装界面

（4）先选择"我接受"，然后单击"下一步"按钮，如图 3-26 所示。

图 3-26 安装界面

（5）"产品信息"选项中选择"我想要试用该产品 30 天"或"我有我的产品信息"，这里选择"我有我的产品信息"，然后输入产品序列号和产品密钥，单击"下一步"按钮，如图 3-27 所示。

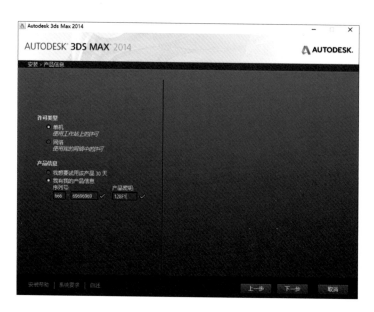

图 3-27 产品信息界面

（6）单击"浏览"按钮，选择安装路径（也可以不选择安装路径直接安装），然后单击"确定"按钮，如图 3-28 所示。

图 3-28　选择安装路径

（7）此时显示软件的安装进度，请耐心等待，如图 3-29 所示。

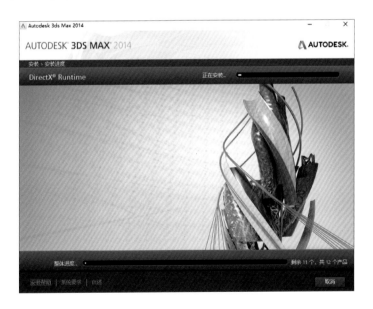

图 3-29　安装进度

83

（8）软件安装完成后单击"完成"按钮，如图 3-30 所示。

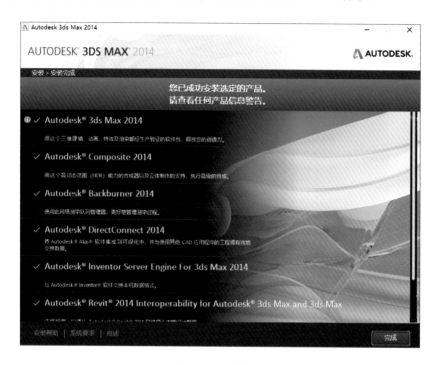

图 3-30　安装完成

（9）双击桌面上的 3ds Max 2014 快捷方式，如图 3-31 所示。

图 3-31　双击快捷方式

（10）这时软件提示需要激活，单击 Activate 按钮，如图 3-32 所示。

图 3-32 激活软件

（11）在弹出的对话框中选择 I have an activation code from Autodesk，输入激活码，然后单击 Next 按钮，如图 3-33 所示。

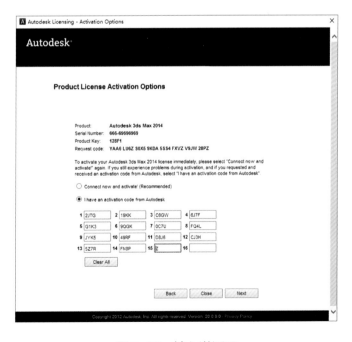

图 3-33 输入激活码

（12）稍等片刻，如图 3-34 所示，显示激活成功，单击 Finish 按钮完成激活。

图 3-34　完成激活

（13）在弹出的对话框中选择是否打开 3ds Max 2014，选择 Yes 或者 No 都可以，然后单击 OK 按钮，如图 3-35 所示。

图 3-35　安装完成

（14）3ds Max 2014 软件已经安装完成，打开软件，界面如图 3-36 所示。

图 3-36　3ds Max 2014 软件界面

（15）在"开始"菜单中找到 Autodesk 3ds Max 2014 文件夹，打开之后会发现这里面有很多语言版本可以选择，这里选择 3ds Max 2014-Simplified Chinese（简体中文）版本，如图 3-37 所示，软件将自动变更为中文版。更改后，桌面快捷方式也将是简体中文版本。

图 3-37　选择语言版本

四、三维建模的基础知识

　　想要打印一个物体，首先要创建出模型，那么怎么才能将它们创建出来呢，下面主要讲解关于简单三维模型的创建方法。

　　3D 打印开始前，首先要制作三维模型。目前，三维建模软件有很多种，比较有代表性的是 3ds Max、Maya 及 CAD/CAM 等。

　　这里，我们将学习用 3ds Max 软件进行三维建模的基础知识。

（一）3ds Max 软件界面介绍

　　图 3-38 所示的是 3ds Max 软件界面各个功能区的介绍。

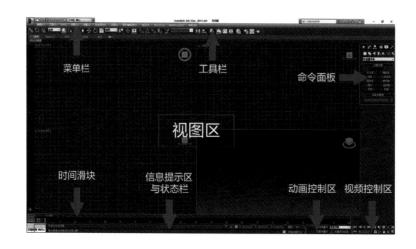

图 3-38　3ds Max 软件界面

1. 认识工具栏常用工具

（1） 为区域选择（框选）工具。单击区域选择，在视图中的模型上进行框选，可将虚线方框内的所有对象都选中。区域选择包括 5 种选择方式，具体如图 3-39 所示。

图 3-39　5 种区域选择方式

（2）为移动工具。移动工具是最常使用的变换工具，将光标放在物体的某一个轴上，当轴线变为黄色时，按轴的方向拖动光标或将光标放在物体的两轴之间的黄色矩形区域时，移动光标，可在该平面内作任意方向的移动。

（3）为旋转工具。旋转工具可使对象产生旋转变化。将光标放在物体的某一个轴上（或圆弧上），当轴线变为黄色时，上下拖动光标可对模型进行旋转。

（4）为缩放工具。缩放工具可以在空间内放大或缩小对象。当 3 个坐标轴向上的小三角面都处于黄色被激活状态时，就可以在空间内进行等比例缩放。

缩放方式分为 3 种，包括约束比例缩放、锁定某轴向缩放、挤压缩放。

2. 认识命令面板中的常用命令

位于视图区最右侧的是命令面板。命令面板集成了 3ds Max 中大多数的功能与参数控制项目，它是核心工作区，也是结构最为复杂、使用最为频繁的部分。创建任何物或场景主要通过命令面板进行操作。在 3ds Max 2014 中，一切操作都是由命令面板中的某一个命令进行控制的。

命令面板中包括 6 个面板，各面板下又包含多层指令和分类。

（1） 为创建面板。创建面板提供几乎所有 3ds Max 中的基本模型，如图 3-40 所示。

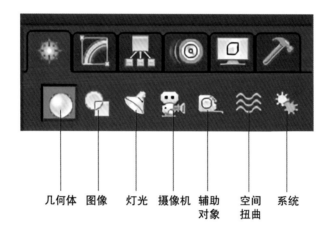

图 3-40　创建面板选项

（2） 为修改器面板。修改器面板可以对基本模型进行修改。

（3） 为层次面板。层次面板用来建立各对象之间的层级关系，并可以设置 IK 等高级指令，主要用于动画制作。

（4） 为运动面板。运动面板包含动画控制器和轨迹的控件，可以对动画参数、控制器等高级属性进行设置。

（5） 为显示面板。显示面板包含用于隐藏和显示对象的控件以及其他显示选项。

（6） 为工具面板。工具面板包含其他一些有用的工具，主要用于

3ds Max 中特殊参数选项的设置。

3. 认识常用的操作快捷键

（1）删除模型：当选中模型时，按 Delete 键，可以删除模型。

（2）取消操作：如果操作失误，想取消操作，退回到上一步，可以单击"撤销场景操作"图标或使用组合键 Ctrl+Z 即可。

（3）复制模型：当选中模型时，按住 Shift 键，拖动坐标，即可复制模型。

（4）放大视图：单击要放大的窗口，按组合键 Alt+W 即可。

（5）取消选中：单击"创建"图标，再单击透视区空白处，即可取消选中。

（6）旋转视图模型：按住 Alt 键和鼠标中键，就能自由旋转视图和模型。

（7）选择并移动：该操作的快捷键是 W。

（8）选择并旋转：该操作的快捷键是 E。

（9）选择并均匀缩放：该操作的快捷键是 R。

（二）基本体与视图的认识

1. 认识标准基本体

标准基本体是 3ds Max 中的标准基本模型，一般包括标准基本体、扩展基本体、复合对象、粒子系统、面片栅格等一系列的基础模型。其中，标准基本体和扩展基本体是我们最常用的基础模型，如图 3-41 所示。

标准基本体包括：长方体、球体（即经纬球体）、圆柱体、圆环、茶壶、圆锥体、几何球体、管状体、四棱锥（即金字塔形物体）和平面，如图 3-42 所示。

扩展基本体包括：异面体、环形结、切角长方体、切角圆柱体、油罐、胶囊、纺锤、L-Ext、球棱柱、C-Ext、环形波、软管和棱柱，如图 3-43 所示。

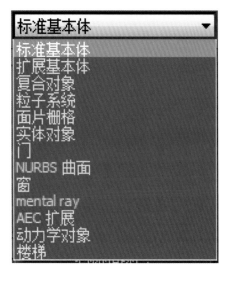

图 3-41　标准基本体模型菜单

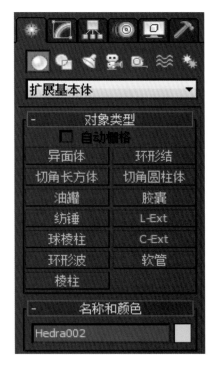

图 3-42　标准基本体　　　　　图 3-43　扩展基本体

基本体的使用操作步骤如下。

（1）先单击"创建"按钮，再单击"几何体"按钮，会出现很多基本体的选择。

（2）选择其中一个几何体，将鼠标指针移动到透视图。

（3）按住鼠标左键，向任意方向拖动，绘出一个几何体，松开鼠标左键，几何体创建完成。

2. 认识视图区

视图区位于软件界面的正中央，几乎所有的操作，包括建模、赋予材质、设置灯光等工作都要在此区域完成。

视图区以 4 个视图的划分方式显示，分别是顶视图、前视图、左视图和透视图，这是标准的划分方式，也是比较通用的划分方式，如图 3-44 所示。

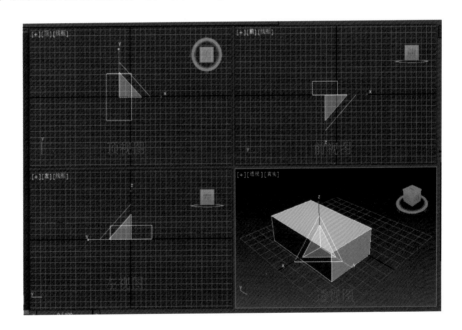

图 3-44　视图区

要想放大其中一个视图界面，可以单击视图区左上角的［＋］，然后单击最大化窗口。

（三）修改器的使用

1. 认识修改器面板

修改器面板即修改面板，是对基本模型进行修改的工具，用来更改模型尺寸参数及使物体变形。

在修改器列表中第 1 个序列类型是"选择修改器"。可以使用这些修改器对不同类型的子对象进行选择。然后再通过这些选择来应用其他类型的修改器，如图 3-45 所示。

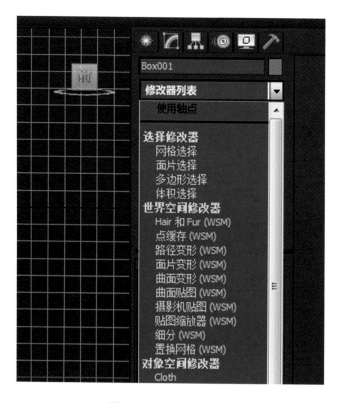

图 3-45　修改器列表

2. 点、线、面、几何体的修改

选中模型，右击选择菜单中的"转换为"→"转换为可编辑多边形"，如

图 3-46 所示。视图右侧会出现点、线、面、几何体的选择区，如图 3-47 所示。

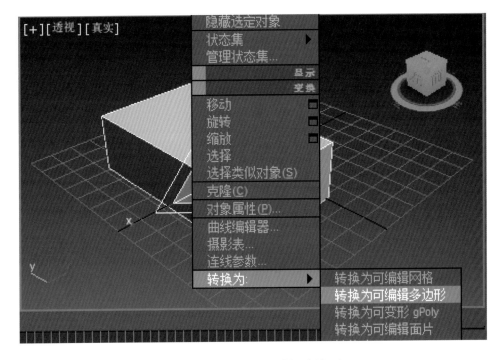

图 3-46 转换为可编辑多边形

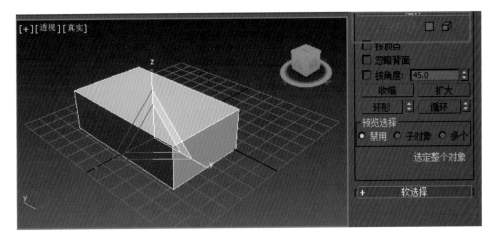

图 3-47 点、线、面、几何体的选择区

选中顶点，画面会出现长方体全部的点，单击任意一个进行拖拽，可以改变长方体的形状。线和面也同样可以如此使用，如图 3-48 所示。

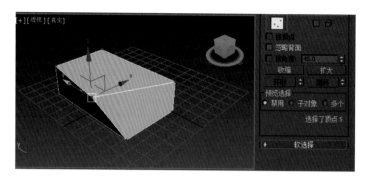

图 3-48　通过"点"改变长方体形状

（四）样条线的应用

样条线的应用非常广泛，其建模速度相当快。二维图形是由一条或多条样条线组成，而样条线又是由顶点和线段组成，所以只要调整顶点和样条线的参数就可以生成复杂的二维图形，利用这些二维图形又可以生成三维模型。

在"创建"面板中单击"图形"按钮，然后设置图形类型为"样条线"，这里有 12 种样条线，分别是线、矩形、圆、椭圆、弧、圆环、多边形、星形、文本、螺旋线、卵形和截面，如图 3-49 所示。

图 3-49　样条线

选择相应的样条线工具后，在视图中拖拽光标就可以绘制出相应的样条线，图 3-50 所示为用"线"工具画出的图形。

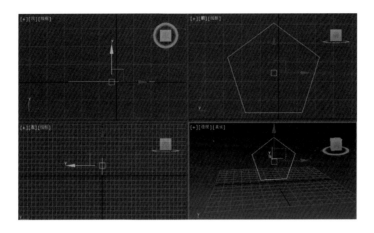

图 3-50 用"线"画图形

1. 转换为可编辑样条线

为满足创建复杂模型的需求，需要对样条线的形状进行修改，并且由于绘制出来的样条线都是参数化对象，只能对参数进行调整，所以就需要将样条线转换为可编辑样条线。如图 3-51 所示，选中要转换的样条线，将光标移到线上，右击选择菜单中的"转换为"→"转换为可编辑样条线"。

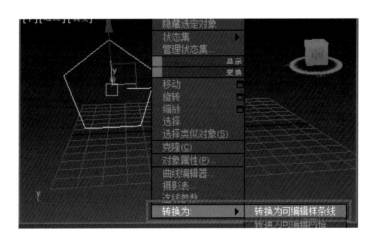

图 3-51 转换为可编辑样条线

2. 挤出

在没有修改的情况下，打开修改器面板，在修改器列表中选择"挤出"，如图 3-52 所示。调整"数量"的数值，用来调整合适的挤出厚度，如图 3-53 所示。

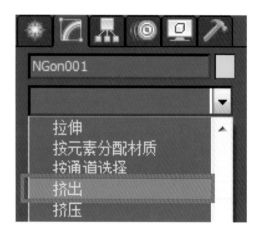

图 3-52　在修改器列表中选择"挤出"

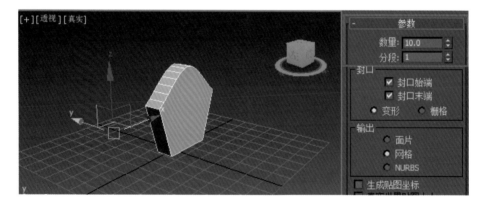

图 3-53　调整挤出厚度

（五）文件的导出

（1）单击软件界面左上角的软件图标，选择"导出"，如图 3-54 所示。

图 3-54 导出

（2）选择合适的保存路径，给模型文件命名。

（3）在"保存类型"下拉菜单中选择导出的格式，一般用于 3D 打印的模型文件选择 STL 格式，单击"导出"按钮。

在三维建模的基础知识中我们已经认识了 3ds Max 的基本界面，也学会一些制作工具。下面我们就来做一些整体模型。

（一）手机支架的制作

以小象手机支架为例，逐步讲解手机支架模型的制作步骤。

1. 打开软件

双击桌面上的 3ds Max 图标，打开软件界面，如图 3-55 所示。

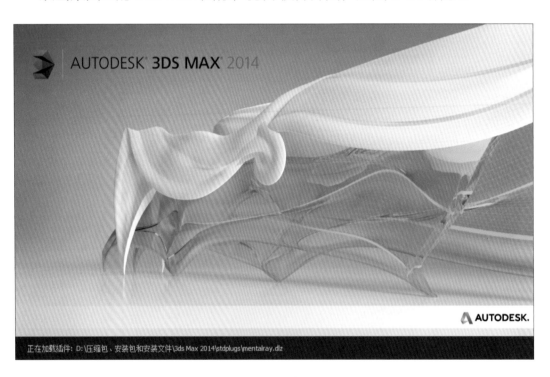

图 3-55　软件启动界面

2. 画出模型轮廓

单击"创建"面板，选择样条线，如图 3-56 所示。再选择"线"工具，绘制出小象手机支架大致的轮廓线，如图 3-57 所示。

图 3-56 选择样条线

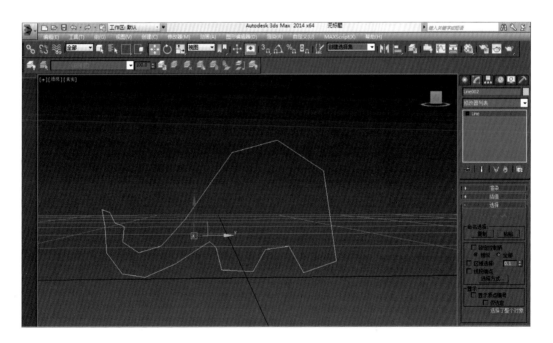

图 3-57 绘制小象手机支架轮廓线

3. 调节模型轮廓线

如果轮廓线不标准，可以对不标准的线进行调节。右击选择菜单中的"转换为"→"转换为可编辑的样条线"，将轮廓线转换为可编辑带有调节点的样条线，单击线上的调节点手动调节模型轮廓线至标准化，如图 3-58 所示。

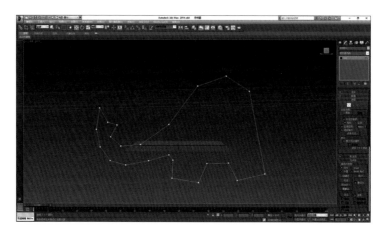

图 3-58　转换为带有调节点的轮廓线

4. 平滑轮廓线

框选需要平滑的调节点，被框选的调节点就会变成红色，如图 3-59 所示。框选后，右击选择菜单中的"平滑"，平滑后的轮廓线如图 3-60 所示。

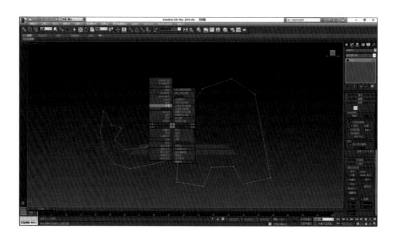

图 3-59　被框选后的调节点

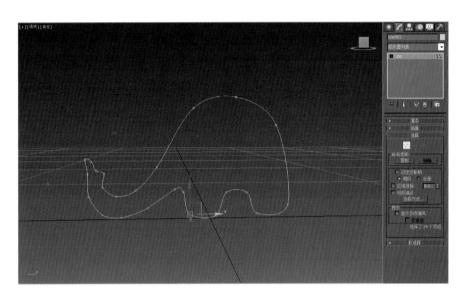

图 3-60　平滑后的轮廓线

5. 挤出

单击修改器列表，选择"挤出"，如图 3-61 和图 3-62 所示。模型挤出效果如图 3-63 所示。

图 3-61　修改器列表

图 3-62　选择"挤出"

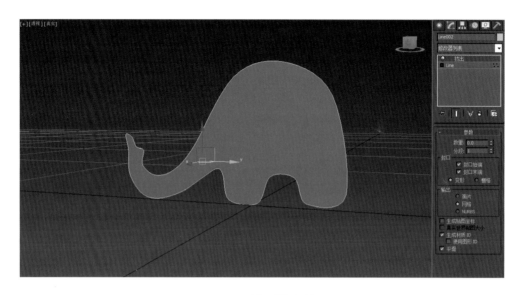

图 3-63　模型挤出效果

6. 设置参数

选择"挤出"后，可在下面的参数设置处调整"挤出"参数，选择想要的模型厚度，调整后的效果如图 3-64 所示。

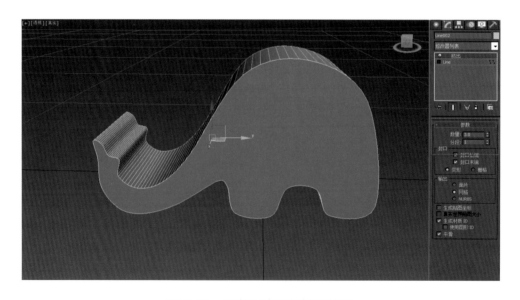

图 3-64　调整厚度后的模型效果

六、切片软件的安装

　　模型制作完成后，要用软件对它进行切片处理，得到切片数据并将其导入 3D 打印机中。下面主要介绍切片软件以及它的安装过程。

　　3D 打印是把三维软件制作或者用 3D 扫描数据的模型在现实世界中用一些真实材料堆叠的过程，这是一个增材制造的过程，这个制造过程需要模型每一个截面的数据图形。切片软件是把一个模型按照 Z 轴的顺序分成若干个截面，然后把每一层打印出来，最后堆叠起来就是一个立体的实物模型，这就是 3D 打印的成型原理。

　　切片软件是 3D 打印的核心，切片软件的好坏会直接影响打印物品的质量。现在的切片软件非常多，不同的 3D 打印机型号可以选择不同的切片软件。下面介绍一款常用的切片软件——MPrint。

　　MPrint 是杭州铭展网络科技有限公司开发的一款专业的切片处理软件。它可将 123D、Design 等建模软件中导出的 STL 格式文件转化为 3D 打印机能够直接识别和打印的 X3G 格式文件。

　　MPrint 切片软件的界面简洁、操作简单，运算速度快，并且能够预览打印时间、打印效果和所需材料，使用起来非常方便。

（一）MPrint 的安装步骤

（1）下载 MPrint 切片软件。进入 MBot 的官方网站，根据自己的计算机操作系统下载软件版本，如图 3-65 所示。

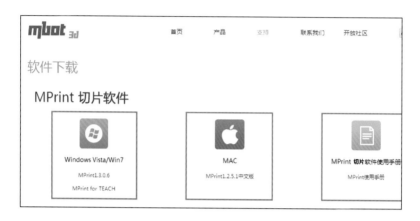

图 3-65　网站下载界面

（2）双击打开 MPrint，开始安装，出现图 3-66 所示的界面，单击 Next 按钮继续下一步操作。

图 3-66　软件安装界面

（3）选择软件的安装路径，然后单击 Next 按钮进行下一步操作，如图 3-67 所示。

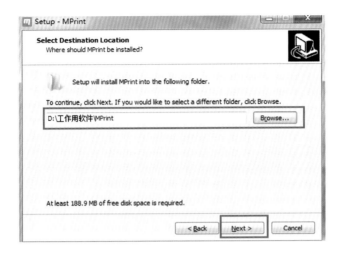

图 3-67　选择安装路径

（4）选择快捷方式的安装位置。在"开始"菜单栏里创建 MPrint 的快捷方式同意默认安装位置则单击 Next 按钮进行下一步操作，如要选择其他的路径，可单击 Browse... 按钮进行修改，然后单击 Next 按钮进行下一步操作，如图 3-68 所示。

图 3-68　快捷方式安装位置

（5）选择附加任务。按照图 3-69 所示的界面勾选以下两个选项，单击 Next 按钮进行下一步操作。

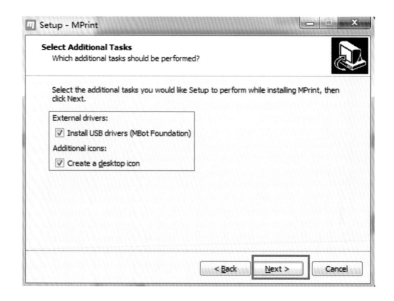

图 3-69　选择附加任务

（6）准备开始安装，弹出安装界面，单击 Install 按钮进行安装，如图 3-70 所示。

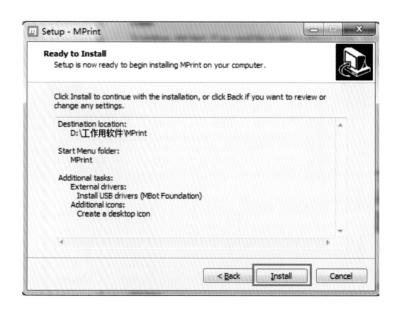

图 3-70　开始安装

（7）整个安装过程需要一些时间，当进度条达到100%时，文件复制步骤就结束了。这时单击"下一步"按钮，如图3-71所示。

图 3-71　等待安装

（8）安装过程中，如果出现图3-72和图3-73所示的安全提示界面，请在确认软件安装来源无误后，选择安装此驱动程序软件。

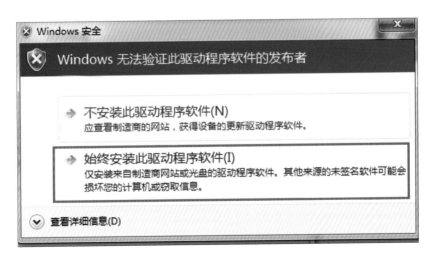

图 3-72　安全提示界面

图 3-73　安全提示弹出框

（9）开始安装驱动程序软件，驱动程序软件安装完毕后，弹出图 3-74 所示的对话框，单击"完成"按钮。

图 3-74　安装驱动

（10）完成 MPrint 切片软件的安装向导，单击 Finish 按钮，如图 3-75 所示，该切片软件就全部安装完成了。安装过程结束后，MPrint 切片软件会自动启动。

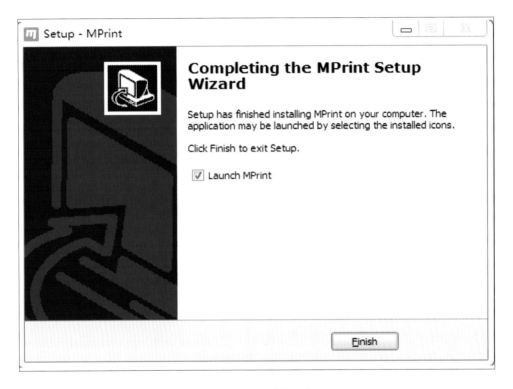

图 3-75　安装完成

（二）安装时的注意事项

（1）根据自己的计算机操作系统，选择相应的最新版本的 MPrint 切片软件进行下载。

（2）按提示安装在默认的安装路径。

（3）如果杀毒软件误报，请选择信任或暂时退出杀毒软件。

（4）请务必将 MPrint 切片软件安装在英文名路径下，否则容易出错。

七、MPrint 切片软件的使用

成功安装 MPrint 切片软件后，接下来，我们一起来学习这个切片软件的详细使用方法。

（一）MPrint 切片软件界面介绍

MPrint 切片软件的主界面如图 3-76 所示，界面简洁，操作方便。下面介绍一下 MPrint 切片软件界面的基本知识。

图 3-76　MPrint 切片软件界面

（1）【＋】为加载模型。单击该按钮，可将制作好的 STL 格式模型文件选择模型打开。再次单击该按钮，继续添加，可同时加载多个模型。

（2）【⚙】为参数设置。选择切片方式后，单击参数设置，弹出参数设置窗口，可在基本设置里对材料类型、打印精度、底垫和支撑等进行设置。如对参数设置有更多需求，也可以单击高级选项，设置填充密度、层高、打印速度、温度等参数。

（3）【↗】为切片导出。单击该按钮，软件按照设置的参数对模型进行分层，分层后导出切片。切片完成后，会显示该模型打印需要的时间和材料量预估。

（4）【👁】为视图调整。单击该按钮，按住鼠标左键可随意调整模型的视角，右击可快速切换默认视图、俯视图、侧视图及正视图。

（5）【✛】为模型移动。单击该按钮选中模型后，按住鼠标左键可拖动模型移动，右击模型可调出"移动"对话框，设置精确移动距离。

（6）【⬚】为尺寸缩放。单击该按钮选中模型后，滑动鼠标滚轮可对模型放大或缩小，也可以右击分别设置三轴的尺寸值。勾选"保持比例"选项可以三轴等比例缩放模型，不勾选该选项则可以在任意轴缩放。单击最大尺寸，可将模型放大至当前选择机型的最大打印尺寸。

（7）【🔄】为模型旋转。单击该按钮选中模型后，按住鼠标左键可将模型绕 Z 轴旋转，或右击设置三轴旋转角度。

（8） 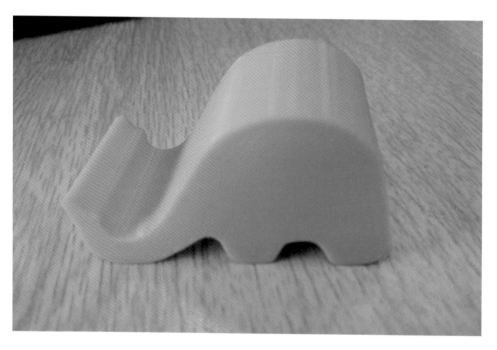 为双头设置。双头设置是双头打印机选择的设置。

（二）切片软件的使用

下面我们以小象手机支架为例（见图 3-77），为大家讲解 MPrint 切片软件的使用步骤。

图 3-77　3D 打印小象手机支架实物图

1. 选择设备类型

在菜单栏单击"设备"选项，选择"选择设备类型"，如图 3-78 所示。我们的 3D 打印机设备选择 MBot Grid2+，在此我们选择单头 MBot Grid2+ Single，如您购买的是双头或者其他机型，请重新进行选择。

图 3-78　选择设备类型

2. 选择切片器

MPrint 有两款切片器：MBotslicer 和 Slic3r，这两种切片器各有特色，MBotslicer 可适用于单头和双头的设备，而 Slic3r 目前仅支持单头设备，可以根据需求或模型特点选择切片器。此次我们要打印的小象模型所选择的是 MBotslicer 切片器。

在菜单栏中依次单击"工具"→"切片器"选项，选择 MBotslicer 切片器，如图 3-79 所示。

图 3-79　选择切片器

3. 添加模型

添加模型的方式有 3 种：①直接拖拽进软件；②单击界面工具栏的加载模型（＋）按钮；③单击菜单栏里的"文件"按钮，选择"打开"或"增加"选项。

打开模型加载窗口，如图 3-80 所示，选择 3D 建模课程中我们制作的小象手机支架模型的 STL 格式文件，单击"打开"按钮打开文件，则成功添加模型，如图 3-81 所示。

图 3-80　添加模型窗口

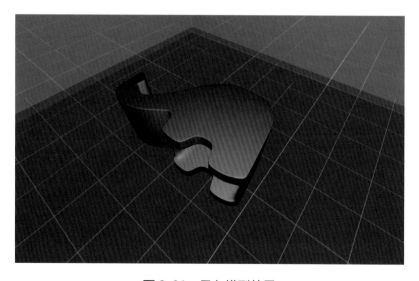

图 3-81　导入模型效果

4. 调整模型

使用软件界面左侧工具栏中的调整视角工具、移动工具、缩放工具和旋转工具对模型进行调整。

（1）选择移动工具，右击模型进行设置（见图 3-82），选择"放于底板上"，并将小象模型移动到中央位置。

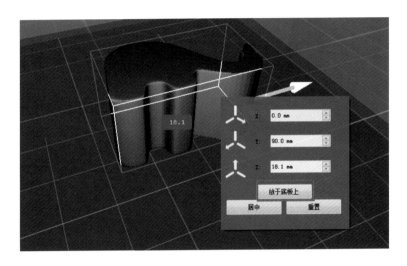

图 3-82　将模型放于底板上

（2）选择旋转工具，右击模型，按图 3-83 所示角度旋转模型，将小象模型侧面较平坦的一面贴于底部。

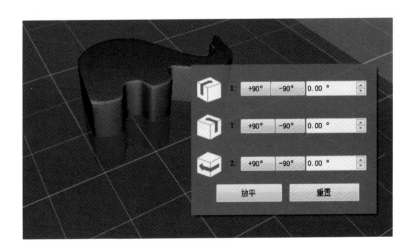

图 3-83　旋转模型

117

（3）选择缩放工具，根据需要调整模型，如图 3-84 所示，勾选"保持比例"，可按比例对模型进行放大或缩小。

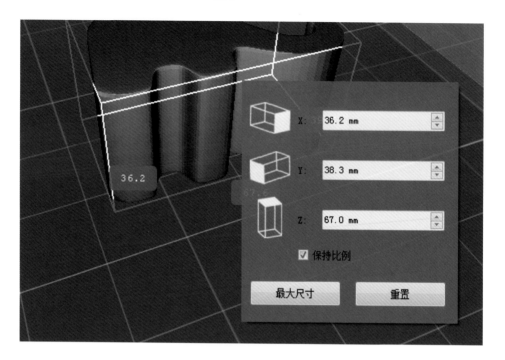

图 3-84　缩放模型

注意

调整模型时，注意要保证模型最大面积的面或较平坦的面贴近底部，以保持模型在打印过程中的稳定性。同时要注意，最好将模型放置在中央位置，避免打印时出现差错。

5. 进行参数设置

模型调整好后，对要打印的模型进行设置。

选择切片器为 MBotslicer，单击左侧工具栏中的参数设置键，会弹出该切片器的参数设置对话框，如图 3-85 所示。

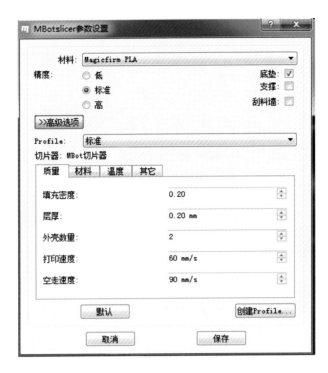

图 3-85　参数设置

（1）选择材料类型，如 PLA、ABS 或其他材料。图 3-1 所示的小象手机支架使用了 PLA 材料，也可以根据需要选用其他材料。

（2）选择打印精度。打印精度包括低精度、标准精度和高精度，可根据需要选择精度。一般来说，精度越高，打印需要的时间越长。如图 3-85 所示，打印小象模型选择了"标准"精度。

（3）选择底垫和支撑。底垫是在模型下面根据其与底板的接触面打印的几层材料，用来增强模型在底板上的黏着力。支撑是软件根据模型结构和预设的支撑角度自动生成的支撑结构。支撑结构越多，打印时间越长，需要的材料越多。

我们可以根据模型的实际需要选择是否需要底垫和支撑，例如小象模型，它的结构简单、稳定，不需要支撑，但它需要底垫附着。如图 3-85 所示，此处只勾选"底垫"就可以了。

（4）设置层厚。层厚是指模型每打印完一层，喷嘴沿 Z 轴上升的高度。对模型进行分层时，层厚越小，采样越多，最终还原的模型越接近于实体。一般情况下的层厚为 0.2mm。

（5）设置外壳数量。外壳数量是指模型轮廓的密封层数，通常该参数为 2。

（6）设置打印速度。打印速度是指喷嘴在挤出材料时的移动速度。打印速度和打印精度在一定程度上成反比，即若想获取较高的打印精度，通常需要将打印速度降低，而如果想提高打印效率，则必然会降低打印精度。打印速度通常可设置为 40~100mm/s。图 3-85 所示的小象模型的打印速度设置为60mm/s。

（7）设置空走速度。空走速度是指当喷嘴在不挤出材料时的移动速度，在打印机允许的运动速度范围内尽可能高地设置此速度值，能有效地改善喷嘴部位溢料造成的模型拉丝现象，推荐设置范围为 100~150mm/s。图 3-85 所示的小象模型的空走速度设置为 90mm/s。

（8）设置材料直径。该参数是设置材料的规格，即材料的线径，MBot 系列的 3D 打印机统一采用 1.75mm 线径的材料，如图 3-86 所示。

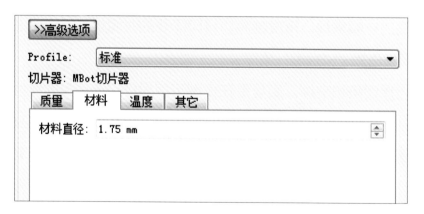

图 3-86　材料直径设置

（9）设置风扇。此处可以设置前置冷却风扇是否开启及开启位置，如图 3-87 所示。例如 ABS 材料收缩率较大，模型易翘边，可以关闭风扇；PLA

材料则需要开启风扇。

图 3-87 风扇设置

（10）设置挤出头温度。挤出头的温度通常与材料的特性紧密相关，如 PLA 的打印温度通常为 200~230℃，ABS 的打印温度则为 220~250℃。如图 3-87 所示，小象手机支架模型的挤出头温度可设置为 210℃。

（11）设置智能补偿。智能补偿开启后能够根据喷嘴对打印底板 3 点测高获得的反馈，在打印过程中通过 Z 轴的上下运动补偿相应的高度差或倾角，可以避免由于底板倾斜造成底垫难以去除甚至是喷嘴刮擦底板的现象，有效改善由此引起的模型翘边现象，并大大减少了用户需要调整操作的次数，如图 3-88 所示。

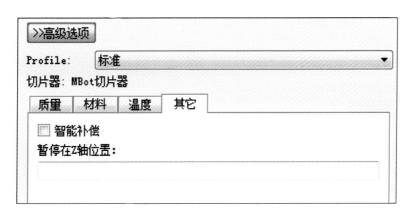

图 3-88 智能补偿设置

（12）设置暂停高度。用户可以设置打印至特定高度后进入暂停，且可以设置多个暂停位置，不同的高度值间用逗号区分。

如图 3-89 所示，小象模型可以不选用智能补偿和暂停这两个设置。到此，模型参数就设置好了。然后，单击"保存"按钮即可。

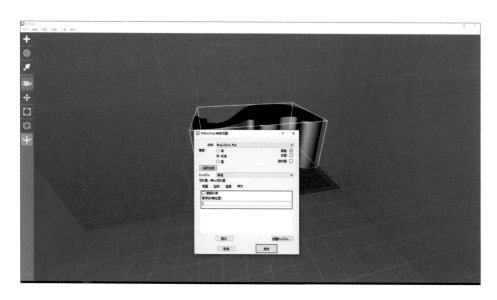

图 3-89　保存设置

6. 导出切片

单击左侧工具栏中的切片导出，MPrint 切片软件会按照设置好的参数对模型进行分层，然后开始切片，如图 3-90 所示。

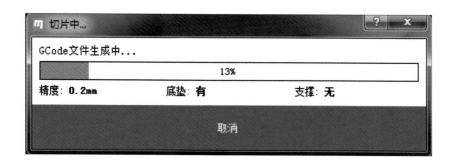

图 3-90　切片中

切片完成后，会显示该模型打印需要的时间和材料预估量。在导出前，可单击"打印预览"按钮，如图 3-91 所示，按层预览模型，这样可以避免因模型放置或参数设置不当引起的打印失败。预览无误后，单击预览对话框下方的 Close 按钮，如图 3-92 所示。

图 3-91 单击"打印预览"按钮

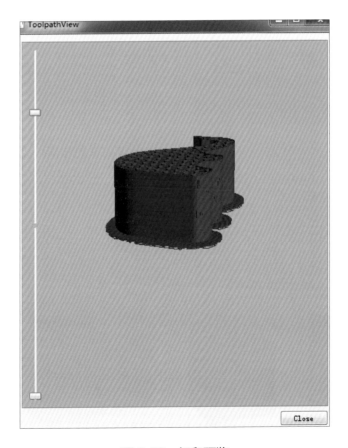

图 3-92 打印预览

预览模型后，单击"保存"按钮，导出 X3G 格式文件，如图 3-93 所示。

图 3-93　保存文件

八、3D打印的实际操作

动画：3D 打印的
实际操作

前面我们详细地讲解了 3D 打印的流程、功能、建模和切片，下面我们来实际操作一下 3D 打印机。

市面上的打印机有不同品种和型号，但打印的原理和操作方法基本相同，如图 3-94 所示。

图 3-94　不同种类的 3D 打印机

以"MBot Grid2+"桌面级 3D 打印机为例，它提供联机打印（见图 3-95）和脱机打印（见图 3-96）两种打印方式，下面介绍这两种方式的操作步骤。

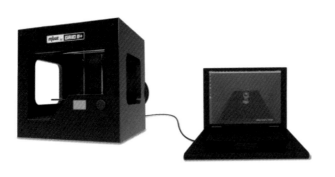

图 3-95　联机打印　　　　　　　　　图 3-96　脱机打印

（一）联机打印操作步骤

（1）开启 3D 打印机，使用 USB 线将计算机与 3D 打印机连接起来，如图 3-97 和图 3-98 所示。

图 3-97　开启 3D 打印机　　　　　图 3-98　连接计算机

（2）在切片软件上选择对应的端口，如图 3-99 所示。

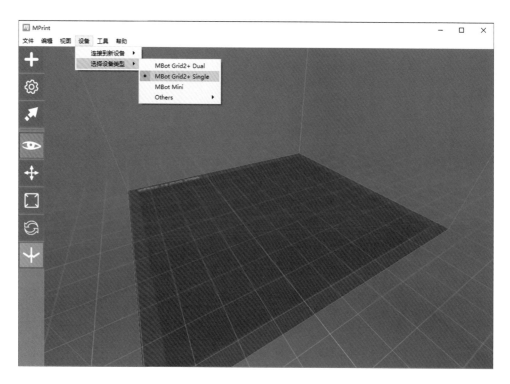

图 3-99　选择对应的端口

（3）预热，进料，喷嘴有材料挤出时停止进料，如图 3-100 所示。

图 3-100　喷嘴出料

（4）导入 STL 格式模型文件至切片软件中进行切片，选择设备并选择打印类型，准备打印，如图 3-101 所示。

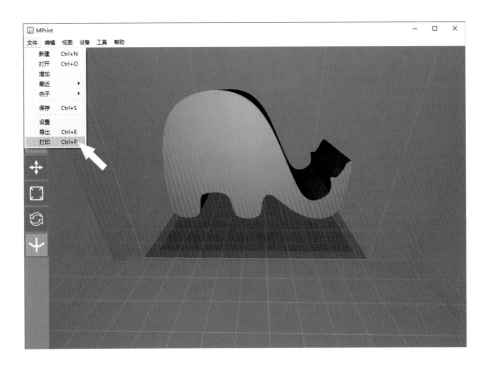

图 3-101　打印模型

（5）打印完成后清理打印工作台，退料，如图 3-102 所示。

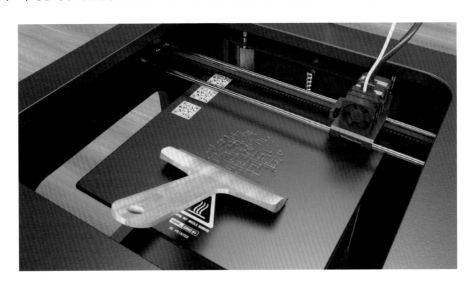

图 3-102　清理打印工作台

（二）脱机打印操作步骤

（1）开启 3D 打印机，如图 3-103 所示。

图 3-103　开启 3D 打印机

（2）在计算机上导入模型文件至切片软件进行切片，如图 3-104 所示，切片完成后导出 X3G 格式的文件，如图 3-105 所示。

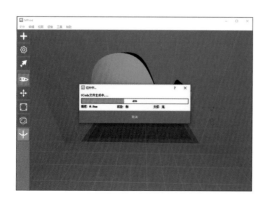

图 3-104　切片

图 3-105　导出文件

（3）将模型文件保存到存储卡，并将存储卡插入 3D 打印机卡槽，如图 3-106 所示。

图 3-106　将存储卡插入 3D 打印机卡槽

（4）预热，进料，喷嘴有材料挤出时停止进料，如图 3-107 和图 3-108 所示。

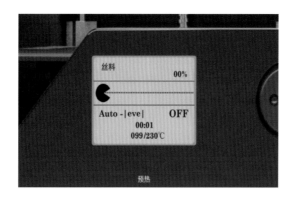

图 3-107　预热

图 3-108　喷嘴挤出材料

（5）在 3D 打印机操作界面选择文件进行打印，如图 3-109 和图 3-110 所示。

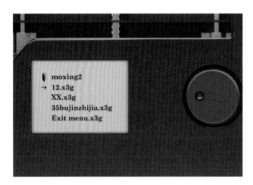

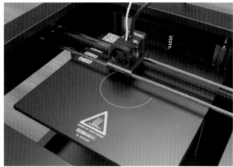

图 3-109　选择文件　　　　　　　　　　图 3-110　开始打印

（6）打印完成后清理打印工作台，退料，如图 3-111 和图 3-112 所示。

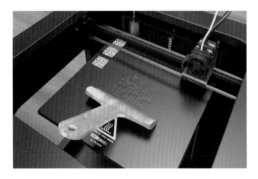

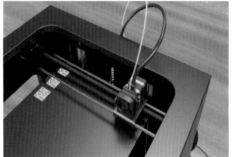

图 3-111　清理打印工作台　　　　　　　图 3-112　退料

（三）注意事项

（1）由于 3D 打印耗时较长，联机打印时需要计算机始终保持联机，所以在打印稍大型的作品时，推荐进行脱机打印。

（2）在打印进行时，喷嘴会进行加热，请大家不要触摸喷嘴。

（3）注意打印的第一层，如果发现 3D 打印机喷嘴和打印工作台之间的距离发生变化，请立即停止打印，并旋转打印工作台底部的螺钉进行调平。

（4）定期清理 3D 打印机。3D 打印机的机械装置需要经常维护，如需要定期清理和润滑运动部件，还要保持打印工作台和喷嘴的清洁。

（5）学习 3D 打印的初期可先尝试打印尺寸较小的模型，较小的打印量所耗费的时间少。当有较多经验时，再去尝试更大尺寸的 3D 模型的打印。

动画：3D 打印机
常见故障解析

3D 打印机的实际操作并不是总能一帆风顺，即使模型很完美，在实际打印操作中也会遇到各种问题导致打印出来的产品与预期差异较大或者根本不能顺利打印。下面针对常见的打印问题做出一些分析和解答，以供借鉴。

（一）3D 打印机喷嘴堵塞怎么办

3D 打印机喷嘴堵塞是一件非常令人心烦的事情，如图 3-113 所示，但是处理方式比较简单：将喷嘴加热至 230℃，待材料熔化，让流动的材料挤出残留物；或稍微冷却后，拆开喷嘴，用尖嘴钳夹出堵住的材料。如果材料堵塞较多，可以用 2mm 钻头缓慢地挖出凝固的材料，也可以使用丙酮溶液清洗堵塞部位，材料会逐渐溶解；或者使用热风枪对着堵塞部位加热，也可以解决问题。如果遇到重新插入材料插不动，或者开始就拉不出来的情况，加热到很高温度仍然拉不出来，那可能就是快接头发生了变形。快接头变形的最主要原因就是反复的高速回抽造成的，这时就需要将快接头拆开进行维修或更换。

图 3-113　3D 打印机喷嘴堵塞

（二）拉丝严重怎么办

拉丝可以说是 3D 打印过程中最常见的问题了，模型表面会留下许多细丝，清理起来很费力，如图 3-114 所示。拉丝主要是由于打印时喷嘴移至新的位置，喷嘴里有材料渗漏出来导致的。解决方法有以下几种。

（1）在切片软件中设置"开启回抽"，从而减少渗漏。碰到拉丝问题，可以修改回抽距离，尝试每次增加 1mm，看是否有改善。

（2）如果修改完回抽参数后还没解决，这时就要看引起拉丝的另一个常见原因——挤出机温度过高。

这时可以在切片软件的"设置"页面里调整"打印温度"参数。将挤出机的温度下调 5~10℃，不过这也会对打印质量有明显的影响，所以不要轻易改动。

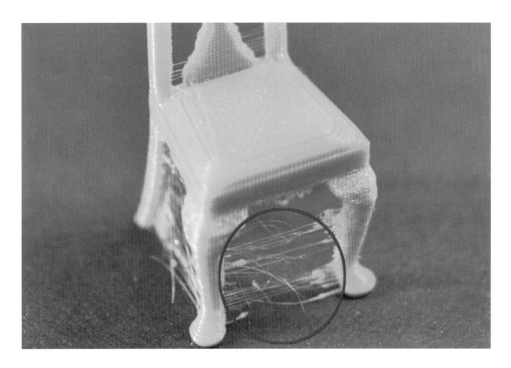

图 3-114　严重拉丝现象

（3）还有一个可能的原因是悬空移动距离太长。移动的距离对泄漏的量有很大的影响。短距离的移动如果足够快，材料还来不及漏出来，但是长距离的移动，拉丝的可能性就会比较大。

在切片软件中找到尽可能避免悬空移动的路径，例如切片软件 Simplify 3D，能够自动调整运动路径，只需要单击 Advanced（高级）标签，使用 Avoid crossing outline for travel movement 选项即可开启这个功能。喷嘴一直在打印件顶上运动，不会移动到超出打印件的范围外，可有效避免拉丝。

（三）打印件翘边如何解决

打印大型零件时，最令人头疼的问题就是打印件翘边。热胀冷缩的现象同样发生在打印件冷却的过程中。我们的应对措施可以分为一软一硬两个方法。软的方法是在打印过程中尽量保持环境温度处于稳定状态，不发生骤冷现象；硬的方法是采用强制的物理手段，不让其发生翘边卷曲，如图 3-115 所示。

图 3-115　打印件翘边

为解决翘边方面问题可采用以下几种方法。

1. 增设热床

翘边都是因为打印件和打印工作台脱离造成的，加热打印件会缓解边缘的拖拽力，从而不发生翘边，如图 3-116 所示。

图 3-116　增设热床

2. 提供封闭的打印环境

为打印机提供封闭的打印环境，其目的就是保持温度稳定在比较高的水平，避免打印件在不同位置的温差过大。如果不能提供封闭的打印环境，至少要避免冷风突然吹入，如图 3-117 所示。

图 3-117　提供封闭的打印环境

3. 降低打印速度

为了让打印件有充分的时间调整温度，可适当降低打印速度。

4. 加宽第一层线宽

加宽第一层线宽即增加最底层的挤出量，使其充分附着在打印机上。

5. 增加 Brim 裙边或 raft 板

在打印件的外围增加 Brim 裙边或者在底层铺垫 raft 板，使打印件牢固地抓住打印机。

6. 增加黏着力

在底板上贴几条平行的双面胶带增加额外的黏着力，如图 3-118 所示。

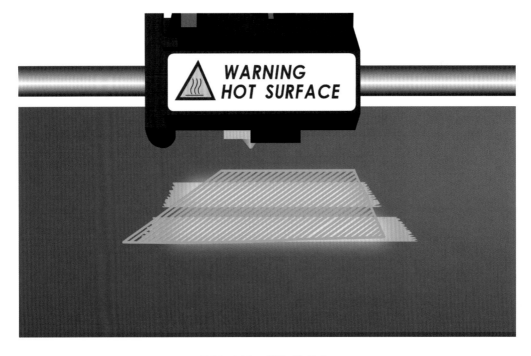

图 3-118　增加黏着力

（四）模型上下错位怎么办

错位是指在打印时某两层之间发生移位，导致模型轮廓发生变化，如图 3-119 所示。

根据大多数打印机的结构来分析，错位的原因有电机失步、同步带松动、轨道精度发生变化等多方面因素。有些品牌的打印机是靠弹簧来调平，弹簧套在紧固螺母上，这种结构的问题在于弹簧的直径远大于螺母的直径，打印细小物件时弹簧的频繁振动传递到螺母上引起螺母径向的窜动。这种窜动导致整个打印工作台偏离初始位置，使模型发生明显的错位。对于这种底板结构，使用较低的打印速度和填充行走速度是比较好的选择。

图 3-119　错位

（五）模型出现断层怎么办

通常来讲，模型出现断层（见图 3-120）有软件和硬件两个原因。硬件上的原因主要是挤出机打滑供料不足或者打印机整体精度下降；软件上的原因比较复杂，模型的外形设计、层高、层厚、支撑类型、打印速度的设置都会导致断层的发生。在确认硬件无问题的情况下需要检查模型的切片参数，通常来讲，增加层厚一般都可以解决该问题。

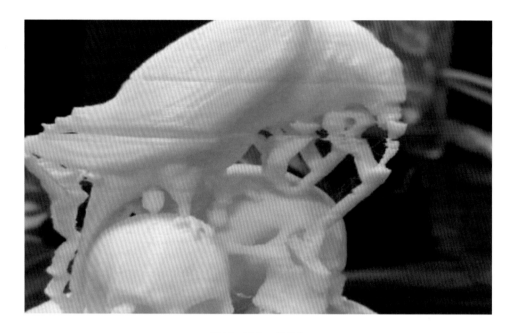

图 3-120 断层

（六）打印工作台的调平

打印工作台的调平（见图 3-121）很重要，如果打印工作台与喷嘴运动平面不平行，在打印时就会出现喷嘴挤压剐蹭工作台或者材料不能附着的情况，对打印机的喷嘴、运动机构以及精度都会造成极大的损伤和影响。

严格来说，每次打印之前都应该进行打印工作台的调平操作，这样能够充分保证打印顺利进行。但是在实际使用中无须频繁调平，打印一段时间后视情况校准即可。

图 3-121　打印工作台的调平

动画：影响打印
精度的因素

　　为了不让 3D 打印机打印出的成品模型因为打印精度下降而导致最后产品的质量下降，下面主要介绍提高 3D 打印的打印精度的方法。

3D 打印成型质量受打印精度的影响，因此提高打印精度是保证高质量打印的前提。影响 3D 打印精度的因素主要有以下几个方面。

（一）3D 打印机本身的性能

1. 3D 打印机框架的稳定性

3D 打印机的框架是所有电器和机械部件的载体，如图 3-122 所示。滑轨、丝杠、步进电机、同步带等运动单元配合的紧密程度都依赖框架的稳定性。如果机器框架不够坚固，在打印时容易引起机体震动，随着时间的积累，各个轴的轨道平行度会发生变化，皮带松弛或丝杠发生变形，导致传动机构不能保持良好的运行状态，时间久了会严重影响机器定位精度。打印时也会产生难以弥补的误差。可以说一个牢固的框架是打印精度最基本的保证。通常来讲，选择一个较为符合力学稳固性的框架并加强框架材料接合的刚性是一个较好的解决方法。

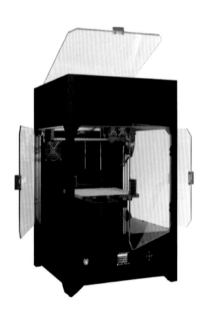

图 3-122　牢固的 3D 打印机框架

2. 直线运动机构

目前 3D 打印机最常见的结构就是 X、Y 轴使用同步带和铬钢圆形硬轨，X、Y 轴可以覆盖平面内的任意一个点，Z 轴工作台搭配梯形丝杠，只负责打印工作台的上下移动。这样的组合可以减轻喷嘴的重量，使得喷嘴可以达到较高的打印速度。不足的是这种搭配必须保证每隔一段时间紧固或者更换同步带和滚动轴承，并检查各个导轨的磨损和平行度。对于普通家用 3D 打印机而言，这个现象会在使用很长时间以后才出现，而对于频繁打印，打印精度要求较高的场合，建议使用数控加工的直线滑轨配合滚珠丝杠来代替圆柱导轨与同步带结构。由于滚珠丝杠是精密的滚动摩擦，摩擦力极小，可以实现高速传动，耐久度以及定位精度都比同步带有明显的提升；而直线滑轨同样是滚动摩擦，其运动间隙几乎可以消除，使喷嘴的运动轨迹能够极度稳定，没有跳动，如图 3-123 所示。

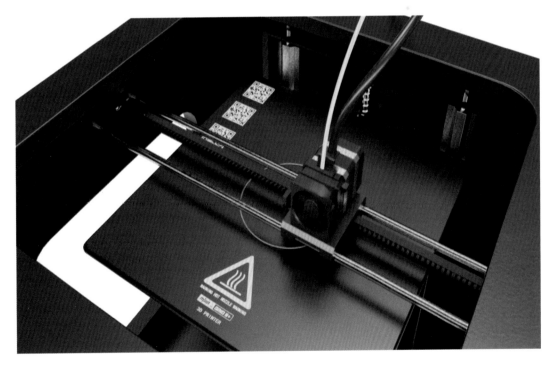

图 3-123　打印喷嘴的运动轨迹

3. 高品质的步进电机和控制芯片

步进电机是直接带动滑动单元的部件，它是一种特殊的电机，可以很精确地控制转动角度，如图 3-124 所示。它的运行需要控制芯片（见图 3-125）来驱动。可以说步进电机控制系统的品质将直接影响传递效果。例如，一个 1.8°步距角的步进电机旋转一周需要 200 个脉冲。假设步进电机旋转一周，带动丝杠或者同步带移动 8mm，那么一个脉冲就相当于令丝杠或者同步带移动 0.04mm，在步进电机没有误差的前提下，如果使用驱动器将 200 步分为 800 步，那么理论上可将这个 0.04mm 再次细分为 1/4，即每个脉冲使得运动机构移动 0.01mm，这样就相对地改变了步进电机转动的精细度，使得喷嘴能更精确地移动和定位。

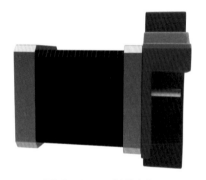

图 3-124　步进电机

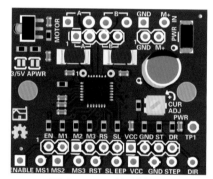

图 3-125　控制芯片

4. 喷嘴直径与层厚

喷嘴直径决定挤出丝的宽度，进而影响成品精细程度。由于 3D 打印的材料是一层一层堆叠起来的，故层厚的设置同样也会影响成品的粗糙度。若选用大直径的喷嘴、层厚设置得比较厚，则送料快，打印耗时短，但成品较粗糙，可以明显地看见堆叠痕迹；反之，喷嘴细，则耗时长，但得到的成品更精细。常用的喷嘴直径有 0.4mm、0.3mm、0.2mm 几种，打印时需综合模型尺和打印时间来选用合适的喷嘴，如图 3-126 所示。

图 3-126　喷嘴

（二）打印速度

3D 打印是一个打印速度与挤出速度相互合理匹配的过程，若打印速度远快于挤出速度，喷嘴移动速度大于材料供给速度，则容易导致断丝；反之则会使熔丝来不及铺开，堆积在挤出头，粘连已经凝固的部分，导致材料分布不均，打印层产生起伏。打印速度对制件精度有着重要的影响，不能过快或过慢，通常是 60~80mm/s 即可，对于特殊要求的打印作业，需根据实际需要尝试对其进行合适的设置。总之，在打印时间允许的前提下，尽量降低打印速度可以确保打印质量，打印速度越慢，打印质量越好。下面详细介绍层高、外壳层数、填充率、回抽、打印材料对打印速度的影响。

1. 层高

层高是指每层材料堆叠的高度，从字面意思看，层高对于打印质量的影响是显而易见的，如果层高设置得很大，就可以很明显地看见每层之间的厚度和波纹。如果层高设置得很小，则模型的表面会很精细，相应的打印时间也会变得更长。通常来讲，家用打印机的层高设置为 0.15~0.3mm 即可满足大部分需求，既能达到比较高的表面精细度，又能花费较少的时间来完成打印。

2. 外壳层数

外壳层数是指模型的外壁厚度，通常来讲，这个厚度取值是喷嘴直径的倍数即可，直径为 0.4mm 的喷嘴可以将外壳层数设置为 0.8mm，喷嘴沿模型最外围路径走完两圈，完成外壳的构建。如果想要更厚的外壳，将外壳层数调高即可。

3. 填充率

填充率是指在模型内部填充的比例，通常来讲，模型的内部是被外壳封闭的，因此内部结构不需要完全填满。

填充率的设置原则是在保证模型不塌陷、不变形的基础上尽可能的小，它的数值大小主要影响模型的强度和打印时间。填充率越大，模型的结构强度越大，完成打印花费的时间越长。一般状况下将填充率设置为 20% 即可满足大部分模型的需求，如果填充率设置为 100%，则意味着这个模型是完全实心的。

4. 回抽

回抽是指在打印某些特殊镂空结构的时候，喷嘴移动到非打印区域时需要保证没有材料喷出，以免产生额外的支撑结构导致镂空部分被错误填充。这个动作是由挤出机完成的，具体做法是在经过镂空区域的时候将材料抽回一段距离，使其不再喷出。回抽的长度在 3~6mm。如果回抽过长则会导致后续的出料不及时，同样会导致打印误差，通常这个数值需要根据实际机型来确定，或通过切片软件调整。

5. 打印材料

打印材料对打印质量的影响也是一个不能忽视的因素，这一点从材料凝固的过程中可以体现。质地均匀的优质材料在凝固的过程中会比较均匀地收缩，而稍差的材料则在这一过程中会有不规则的收缩，客观上导致一定程度的卷曲、翘边、变形等打印错误。

（三）模型的设计方式

3D 打印机虽然可以很快捷地打印三维模型，但是并不代表模型可以随意设计摆放，模型的设计要符合一定的力学和空间要求，否则有很大概率导致打印失败。例如，如果我们想打印一个高脚杯模型，那么在设计的环节就不能单纯地从美观角度出发将模型比例设计得过于夸张，因为容易导致打印途中倾倒或者折断。在模型的摆放上也同样需要注意不要把较小的接触面作为支撑，而是要尽可能地将模型的最大面放置在底板上，如图 3-127 所示，这样才能够提供稳定的支持，打印成功率也会相对较高。

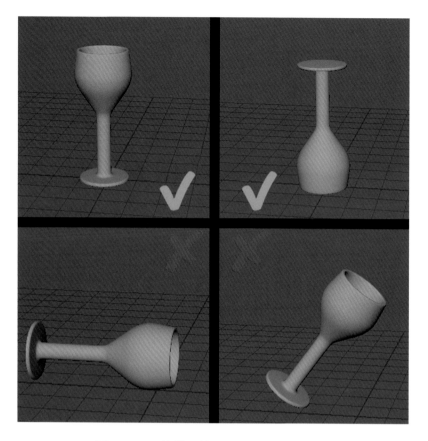

图 3-127　将模型的最大面放置于底板上

（四）模型的支撑类型

　　3D 打印时产生的支撑类型主要有无支撑、接触面局部支撑和全部支撑 3 种，选择合适的支撑将极大地提高打印成功率和打印质量。圆柱类模型由于上下的直径差别不大，可以不用支撑；高脚杯这种模型由于有较细的杯脚，打印过程中有可能在杯脚处折断，所以需要在杯脚处添加支撑；而打印动物这种带有悬空结构的模型则需要全部支撑，也可采用两种支撑类型，如图 3-128 所示。

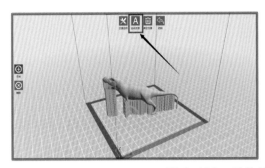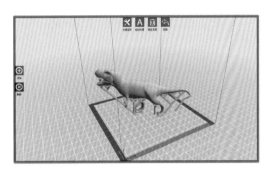

图 3-128 动物模型的两种支撑类型

（五）打印温度

家用 FDM（熔融堆积式）3D 打印机使用的材料为 PLA 和 ABS。经过验证的结论是，当打印 PLA 材料时喷嘴的温度为 180~210℃为宜；当打印 ABS 材料时喷嘴的温度为 210~240℃为宜。最好可以保证环境温度在 25℃左右，这样可以避免模型底部收缩变形。

动画：各类 3D 打印机优缺点解析

3D 打印机在结构上有很多种分类，每一种打印机各有优缺点。下面详细介绍各类 3D 打印机各自的优点与缺点。

（一）三角形结构打印机

三角形结构打印机是稳定与成本的完美结合，在三角形结构打印机中以 Reprap 系列最为流行，而 Reprap 的分支众多，现在比较流行的是 Mendel（见图 3-129）、Huxley（见图 3-130）和 Prusa（见图 3-131）3 个分支。其基本特点是机身侧边是一个三角形，三角形底部是放热床的地方，X 轴在 2 个 Z 轴部件电机构成的平面上活动，而 Z 轴则与机身三角形的垂直中线重合。在打印时由于热床在 Y 轴上前后移动会带着打印物体也前后移动，所以需要特别留意打印物体与热床的黏合度是否牢固。

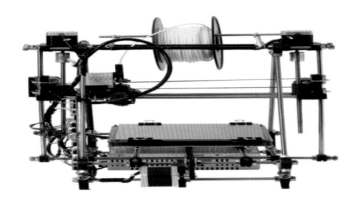

图 3-129　Reprap Mendel 系列

图 3-130　Reprap Huxley 系列

图 3-131　Reprap Prusa 系列

（1）优点：结构简单，组装、维修等都较为方便，对丝杠、光轴的切割精度要求不高（两边有多余量不会影响结构，因为两头都是开放的），需要的部件较少。

（2）缺点：机体的制作精度较低，通常只能达到毫米级，需要花费更多的时间去调试以达到更高的精度；打印物体随热床在 Y 轴前后移动，容易引起错位或断层，在打印高度较大的模型时容易倾倒；电源、控制板放的位置比较随意，影响美观。

（二）矩形盒式结构打印机

矩形盒式结构打印机是目前市面上最为普及的机型，从整个 3D 打印的发展历程来看，这种形式的机器也是发展较为完善的机器，商业化程度最高。Makerbot 的 Replicator 系列（见图 3-132）、MBot 系列（见图 3-133）、Ultimaker 系列（见图 3-134）等机型都是此类的代表。

矩形盒式打印机的特点为热床是沿 Z 轴移动的，物体固定在热床上不会有 X 轴和 Y 轴方向的移动，所以基本不用担心打印的物体在打印过程中出现位移的情况。而且由于只需对喷嘴做 X 轴和 Y 轴方向的移动，减轻喷嘴重量就可以调整打印速度和打印精度。

（1）优点：打印精度、打印速度较高，安装精度高。因为采用激光切割技术，其精度可以达到 0.1mm。电源、电线等可以很好地收藏在机体内。

（2）缺点：安装过程较为复杂，维修也较为困难，对丝杠、光轴加工精度要求较高，制作难度大，整体成本较高。

图 3-132　Replicator 系列

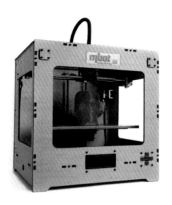

图 3-133　MBot 系列

图 3-134　Ultimaker 系列

（三）矩形杆式结构打印机

矩形杆式结构打印机采用激光切割技术，机身组装精度可以与矩形盒式结构打印机媲美，又继承了三角形结构打印机简单的优点，其在 X、Y、Z 轴方向的运动方式与三角形结构打印机的运动方式也是一致的，所以也同时继承了三角形结构打印机的缺点。矩形杆式结构打印机的 Z 轴步进电机放在机身的底部，由于矩形杆式结构打印机与工作台的接触面积较小，所以将较重的步进电机放在底部以降低中心。代表机型有 Printrbot 系列，如图 3-135 所示。

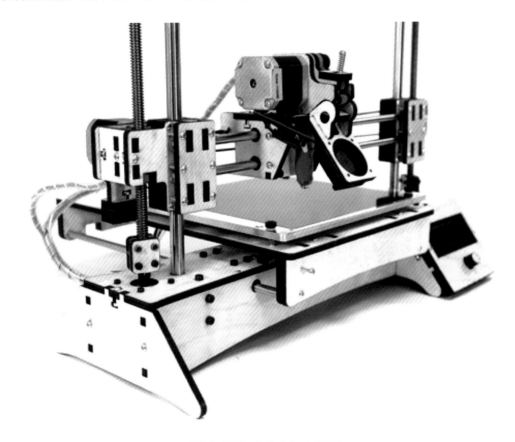

图 3-135　Printrbot 系列

（1）优点：结构简单，组装、维修等都较为方便，安装精度高。因为采用激光切割技术，其精度可以达到 0.1mm，整体成本较低。

（2）缺点：打印时，打印物体随着热床在 Y 轴前后移动，很容易引起错位或断层，在打印高度较大的模型时容易倾倒；电源、控制板的位置比较随意，影响美观。

（四）三角爪式结构打印机

三角爪式结构打印机是开源 3D 打印机的一个重要分支，其数学原理是笛卡尔坐标系，只是通过三角函数将 X、Y 轴坐标映射到 3 台垂直的轴上，这种结构的打印机对喷嘴的重量有较高的要求，因此，通常采用 J-head 和齿轮式挤出机，如图 3-136 所示。这种结构的机械复杂程度要比传统的直角坐标系结构简单很多，但是固件却比较复杂。现在 Marlin 固件有一个专门的分支来控制这种类型的 3D 打印机。这种结构的打印机有一个很大的缺点就是 Z 轴方向的体积较大（因为要容纳爪的长度），构建高度为 20cm 的打印机整体高度可以达到 40~50cm，所以这种结构适合在固定场所使用。代表机型有 Rostock（见图 3-137）、Rostock mini 系列（见图 3-138）。

图 3-136　J-head 和齿轮式挤出机

（1）优点：打印精度与打印速度较高，安装和维修过程较为简单。

（2）缺点：固件调试复杂，系统稳定性差，容易出现不可预测的问题，整机体积较大，占据空间较大。

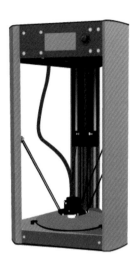

图 3-137 Rostock

图 3-138 Rostock mini 系列

第四章

应用
与发展

3D 打印技术是近些年被讨论得比较多的一个技术，它被寄予着深厚希望，但是这项技术到底能为人类社会的发展带来什么样的改变，我们还不得而知。下面主要从多方面分析 3D 打印技术的现状、未来的趋势以及发展前景。

动画：3D 打印技术的应用领域与发展前景

3D 打印技术经过这些年的发展，在技术上已基本形成了一套体系。可应用的行业也逐渐增多，从产品设计到模具设计与制造，材料工程、医学研究、文化艺术、建筑工程等都逐渐地开始使用 3D 打印技术，使得 3D 打印技术有着广阔的发展前景。

一、3D打印技术的应用领域

1. 生活用品

3D 打印技术正在走向大众，但是目前对 3D 打印技术感兴趣的人群还是以"技术宅"为主，很多人觉得 3D 打印技术不过是一个噱头。其实，应用 3D 打印技术可以做出许多生活中非常实用的东西，而且就目前的情况来看，3D 打印技术在生活中的应用非常广泛，小到我们生活中的装饰品，大到生活中实用的台灯和花盆等，如图 4-1 和图 4-2 所示。

图 4-1 3D 打印台灯

图 4-2 3D 打印花盆

2. 医疗行业

近几年，3D 打印技术在医学领域的应用研究较多。以医学影像数据为基础，利用 3D 打印技术制作人体器官模型，在外科手术中有极大的应用价值，如图 4-3 和图 4-4 所示。

图 4-3 3D 打印耳廓

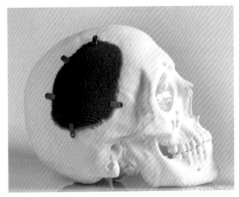

图 4-4 3D 打印颅骨

因为 3D 打印产品可以根据个体的确切体型匹配定制，所以通过 3D 打印制造的医疗植入物在一定程度上提高了医疗水平。这种技术已被应用于制造更好的钛质骨植入物、义肢以及矫正设备，如图 4-5 和图 4-6 所示。

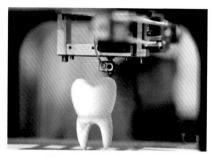

图 4-5　3D 打印牙齿　　　　　图 4-6　3D 打印义肢

3. 建筑业

建筑模型的传统制作方式已逐渐无法满足高端设计项目的需求。如今众多设计机构的大型设施或场馆都利用 3D 打印技术先期构建精确的建筑模型来进行效果展示或相关测试，3D 打印技术所发挥的优势和无可比拟的逼真效果逐渐被建筑师所认同。

2014 年 1 月，数幢使用 3D 打印技术建造的建筑亮相苏州工业园区。这批建筑包括一栋占地面积为 1100m^2 的别墅和一栋 6 层的居民楼。这些建筑的墙体由大型 3D 打印机层层叠加喷绘而成，而打印使用的"油墨"则由建筑垃圾制成。

2015 年 7 月 17 日，使用 3D 打印技术建造的新材料别墅在西安建成，如图 4-7 所示。

图 4-7　3D 打印别墅

建造方仅用 3 个小时便完成了别墅的搭建。据建造方介绍，这座 3 个小时建成的精装别墅只要摆上家具就能入住。

4. 食品行业

食品 3D 打印机是将 3D 打印技术应用到食品制造领域的一种机器，主要由主控计算机、自动化食材注射器、输送装置等几部分组成。它制作出的食品的形状、大小和材料用量都由计算机操控。

食品 3D 打印机的工作原理和操作方法与普通 3D 打印机相似，其打印材料是可食用的食物和相关配料，具体操作方法是将食材均匀喷射出来，按照逐层堆叠成型的方法制作出食物产品，如图 4-8 所示。

使用者可以自主决定食物的形状、高度、体积等，不仅能做出扁平的饼干，也能完成巧克力塔，甚至还能在食物上完成卡通人物造型。打印出的食品口感多样，同时可以自由搭配不同的营养，对于咀嚼困难或有吞咽困难的老年人或病人非常有益。3D 打印食品不仅可以人性化地改变食品的形状，提升食品的品质，更提供了均衡的营养。

图 4-8 3D 打印食物

2011 年，英国埃克塞特大学的研究人员发明出世界首台 3D 巧克力打印机，后经技术改进于 2012 年正式上市。3D 巧克力打印机使用巧克力浆材料进行打印，同时使用保温和冷却系统，底层巧克力打印后经过凝固过程，再打印一层，由于形状各异，受到了消费者的喜爱，如图 4-9 所示。

图 4-9　3D 巧克力打印机

5. 教育事业

目前，一些国家和组织已经开始重视 3D 打印技术在教育领域中的应用，并开始进行这方面的研究。

3D 打印机作为教学辅助工具，在视觉空间能力的培养方面功效卓著。有研究表明，在学习物理、设计、艺术等抽象知识时，视觉空间能力好的学生的成绩通常高于视觉空间能力一般的学生。3D 打印机可以作为培养学生视觉空间能力非常好的教学辅助工具，如图 4-10 所示。因为 3D 打印机基本不受图形限制，可打印出任意复杂结构的教学模型，弥补了现今教学中缺乏立体教学模型的缺陷。教师将内部认知结构可视化，化抽象为具体，化想象为实物，使知识更好地呈现在学生的认知结构中，更容易被学生理解。

图 4-10 学生学习 3D 打印机

二、3D打印技术的发展前景

未来，3D 打印技术的发展将呈现出精密化、智能化、通用化以及便捷化等主要趋势，并在以下几个方面进行改善。

（1）可提升 3D 打印的速度和精度，开拓并行打印、连续打印、大件打印、多种材料打印的工艺方法，提高成品的表面质量、力学和物理性能，以实现直接面向产品制造的目标。

（2）可开发更为多样的 3D 打印材料，如智能材料、功能梯度材料、纳米材料、非均质材料及复合材料等，特别是金属材料可以直接打印成型。

（3）3D 打印机可以向双色打印机发展，同时进行两种以上颜色的渲染，得到更有层次和立体感的打印模型。

（4）3D 打印机的体积小型化、桌面化，成本更低廉，操作更简便，更加适应分布化生产、设计与制作一体化的需求以及家庭日常应用的需求。

（5）软件集成化。使设计软件和生产能够无缝对接，实现设计者直接联网控制的远程在线制造模式。

（6）拓展 3D 打印技术在生物医学、建筑、车辆、服装等更多行业领域的创造性应用，如图 4-11 所示。

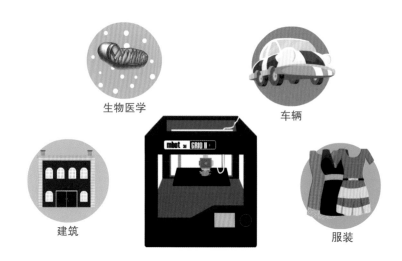

图 4-11　3D 打印技术的应用

未来几年 3D 打印市场的发展前景主要有以下 3 个。

（1）通过技术进步和产业竞争改善性价比。事实上，在当前越来越多的企业进入 3D 打印产业来看，竞争强度增强将会使这一过程逐步提速。在价格方面，由于 3D 打印设备和材料在终端成品的成本中占比较大，未来设备、材料成本的降低将逐步提升 3D 打印的经济性。

（2）3D 打印产业在亚太地区，尤其是在中国市场将被激活和快速增长。目前国内 3D 打印产业的现状是技术领先，产业化不足，高端金属材料紧缺。但我们仍看好其发展前景：一是国内的技术基础扎实，随着关键技术瓶颈和高成本的难题逐渐被解决，下游应用的性价比将逐渐得到改善；二是政府的大力支持前所未有；三是企业间合作逐渐加深；四是 3D 打印概念的热潮在客观上为下游应用推广和资本支持提供强劲的推动力。

（3）商业模式的进化。随着互联网云制造、物联网的生态越来越成熟，3D 打印分布式制造的商业模式可能会变成现实，大家可以通过网络进行 3D 打印方面的创业、融资以及设计程序的交易，物流也会把成品送到用户手中。商业模式的进一步创新将会使 3D 打印产业的渗透率进一步提升。

综上所述，从中长期来看，3D 打印产业具有较为广阔的发展前景，目前 3D 打印产业正日趋成熟。因此，现阶段我国制造业对 3D 打印产业领域的投入应以加强创新研发、技术引进和储备为主，尤其要重视自主知识产权的建设和维护，争取在未来的市场竞争中占据有利地位。

参 考 文 献

[1] 蔡晋，李威，刘建邦 . 3D 打印一本通 [M]. 北京：清华大学出版社，2016.

[2] 付丽敏 . 走进 3D 打印世界 [M]. 北京：清华大学出版社，2016.

[3] 杨伟群 . 3D 设计与 3D 打印 [M]. 北京：清华大学出版社，2015.

[4] 张盛 . 数字雕塑技法与 3D 打印 [M]. 北京：清华大学出版社，2019.